# Netzberechnung mit Erzeugungsprofilen

Torsten Werth

# Netzberechnung mit Erzeugungsprofilen

Grundlagen, Berechnung, Anwendung

Torsten Werth
Hungen, Deutschland

ISBN 978-3-658-12727-5    ISBN 978-3-658-12728-2 (eBook)
DOI 10.1007/978-3-658-12728-2

Die Deutsche Nationalbibliothek verzeichnet diese Publikation in der Deutschen Nationalbibliografie; detaillierte bibliografische Daten sind im Internet über http://dnb.d-nb.de abrufbar.

Springer Vieweg
© Springer Fachmedien Wiesbaden 2016
Das Werk einschließlich aller seiner Teile ist urheberrechtlich geschützt. Jede Verwertung, die nicht ausdrücklich vom Urheberrechtsgesetz zugelassen ist, bedarf der vorherigen Zustimmung des Verlags. Das gilt insbesondere für Vervielfältigungen, Bearbeitungen, Übersetzungen, Mikroverfilmungen und die Einspeicherung und Verarbeitung in elektronischen Systemen.
Die Wiedergabe von Gebrauchsnamen, Handelsnamen, Warenbezeichnungen usw. in diesem Werk berechtigt auch ohne besondere Kennzeichnung nicht zu der Annahme, dass solche Namen im Sinne der Warenzeichen- und Markenschutz-Gesetzgebung als frei zu betrachten wären und daher von jedermann benutzt werden dürften.
Der Verlag, die Autoren und die Herausgeber gehen davon aus, dass die Angaben und Informationen in diesem Werk zum Zeitpunkt der Veröffentlichung vollständig und korrekt sind. Weder der Verlag noch die Autoren oder die Herausgeber übernehmen, ausdrücklich oder implizit, Gewähr für den Inhalt des Werkes, etwaige Fehler oder Äußerungen.

*Lektorat*: Dr. Daniel Fröhlich

Gedruckt auf säurefreiem und chlorfrei gebleichtem Papier.

Springer Fachmedien Wiesbaden ist Teil der Fachverlagsgruppe Springer Science+Business Media
(www.springer.com)

# Vorwort

Die zunehmende Bedeutung von Windkraftanlagen und Photovoltaikanlagen stellt neue und gesteigerte Anforderungen an die elektrischen Netze und deren Planung. Eine wesentliche Herausforderung besteht darin, die Anlagen in weitestgehend schon vorhandene Netze einzubinden. Nicht selten sind die Leistungen der Anlagen größer als die Leistungen, für die die Netze ursprünglich ausgelegt wurden. Die Folge ist, dass bei der planerischen Überprüfung zulässige Grenzwerte zur Spannung und zur thermischen Belastbarkeit der Betriebsmittel nicht mehr eingehalten werden. Als Konsequenz werden Maßnahmen zur Netzverstärkung und Netzausbau notwendig oder geplante Anlagen können nicht angeschlossen werden.

Als mögliche Lösung bzw. Alternativen können unterschiedliche grundsätzliche Ansätze verfolgt werden.

Ein Ansatz beschreibt den Einsatz von Flexibilitätstechnologien. Dabei wird die vorhandene Infrastruktur weitestgehend weiter genutzt und durch weniger umfangreiche Maßnahmen den steigenden Anforderungen angepasst. In intelligenten Netzen – Smart Grids – wird mithilfe von Kommunikations- und Informationstechnik das jeweilige Netz überwacht und gesteuert.

Ergänzend oder alternativ wird versucht, technische Änderungen zu reduzieren und zu minimieren ohne dass spürbar auf Energie aus Windkraftanlagen und Photovoltaikanlagen verzichtet werden muss. Dies ist möglich, wenn die tatsächliche Leistungen geringer ausfallen als die Nennleistungen der Erzeugungsanlagen oder die Anlagen im Fall einer Netzüberlastung in ihrer Leistung reduziert werden.

Allen Ansätzen gemein ist die Zielsetzung, möglichst viel Energie in das Netz einspeisen zu können bei minimalem Bedarf an umfangreichen und risikobehafteten Maßnahmen. Gleichzeitig teilen sie die Gemeinsamkeit, dass Kenntnisse über das zeitliche Verhalten der Anlagen als Voraussetzung vorliegen müssen.

Grundlage dafür sind meteorologische Daten von Referenzjahren, anhand derer mit den im Buch vorgestellten Methoden Leistungsverläufe für alle denkbaren Anlagenkombinationen erstellt werden können. Durch die Referenzierung wird zudem eine Vergleichbarkeit geschaffen zwischen unterschiedlichen Entwicklungen der Erzeugungsanlagen und Netzausbauvarianten.

In der Planung wird ein umfangreiches Systemverständnis erforderlich. Dabei gilt es in der Netzplanung, Verständnis über die Zusammenhänge herzustellen und darüber wovon die tatsächliche Leistung beeinflusst wird. Zusätzlich werden Berechnungen in der Netzplanung aufwendiger, auch wenn diese zunehmend automatisch durchgeführt werden können. Unterschiedlichste Lösungsvarianten müssen für alle relevanten Netzzustände berechnet und bewertet werden.

In den einzelnen Kapiteln sind Beispiele enthalten. Sie dienen dem Verständnis auf zwei Ebenen. Zum einen soll die Anwendung von Methoden verständlicher gemacht werden. Zum anderen kann dadurch verdeutlicht werden, welche Auswirkungen unterschiedliche Annahmen auf das Ergebnis haben. An zwei vereinfachten Beispielen wird gezeigt, welche Möglichkeiten sich durch die Berücksichtigung von Erzeugungsprofilen ergeben können.

Alle Beispiele sind speziell für diese Zielsetzung entworfen.

Der Austausch von Wissen erfolgt international. Am Ende des Buches stehen die wichtigsten Fachbegriffe in englischer Sprache zur Verfügung. Sie dienen als Hilfsmittel bei zusätzlichen Recherchen.

Geltende Gesetze und technische Regelwerke erfordern aktuell noch die klassischen konservativen Methoden.

Aus heutiger Sicht ist jedoch absehbar, dass langfristig neue und innovative Methoden in der Netzplanung unverzichtbar sein werden.

# Inhaltsverzeichnis

| | | |
|---|---|---|
| **1** | **Einleitung** | 1 |
| | 1.1 Bedeutung der elektrischen Energie | 1 |
| | 1.2 Anforderungen an die Energieversorgung | 1 |
| | 1.3 Aufbau von Energieverteilnetzen | 2 |
| | 1.4 Konventionelle Leistungsannahmen | 3 |
| | 1.5 Netzberechnung unter Berücksichtigung von Erzeugungsprofilen | 3 |
| | 1.6 Zusammenfassung zur Einleitung | 6 |
| **2** | **Netzplanung** | 9 |
| | 2.1 Aufgaben in der Netzplanung | 9 |
| | 2.2 Bedingungen für den Anschluss von Erzeugungsanlagen | 10 |
| | 2.3 Thermische Belastbarkeit von Betriebsmitteln | 11 |
| | 2.4 Anforderungen an die Spannung | 12 |
| | 2.5 Zusammenfassung zur Netzplanung | 13 |
| | Literatur | 13 |
| **3** | **Netzberechnung** | 15 |
| | 3.1 Formen der Leistungsflussberechnung | 16 |
| | 3.2 Ablauf einer Leistungsflussberechnung | 17 |
| | 3.3 Netzberechnung mit Erzeugungsprofilen | 19 |
| | 3.4 Anwendung der Monte-Carlo-Methode | 20 |
| | 3.5 Zusammenfassung zur Netzberechnung | 22 |
| | Literatur | 22 |
| **4** | **Photovoltaikanlagen** | 23 |
| | 4.1 Aufbau von Photovoltaikanlagen | 23 |
| | 4.2 Einflussfaktoren Einstrahlung und Temperatur | 24 |
| |     4.2.1 Beispiel zur Berechnung der Modulleistung | 29 |
| | 4.3 Genäherte Bestimmung der Modultemperatur | 30 |
| |     4.3.1 Beispiel zur Berechnung der Modultemperatur und -leistung | 31 |
| | 4.4 Dargebot solarer Einstrahlung | 32 |

|   |   |   |   |
|---|---|---|---|
| | 4.5 | Weitere Einflussgrößen auf die Leistung von Photovoltaikanlagen | 35 |
| | 4.6 | Zeitreihen für Photovolatikanlagen unterschiedlicher Ausrichtung | 36 |
| | 4.7 | Zusammenwirken unterschiedlich ausgerichteter Photovoltaikanlagen | 37 |
| | | 4.7.1 Beispiel zur Auswirkung unterschiedlicher Ausrichtungen | 38 |
| | 4.8 | Zusammenfassung zum Verhalten von Photovoltaikanlagen | 40 |
| | | Literatur | 41 |
| **5** | **Windkraftanlagen** | | **43** |
| | 5.1 | Die besondere Bedeutung der Windgeschwindigkeit | 43 |
| | 5.2 | Aufbau und Konzepte zur Netzanbindung von Windkraftanlagen | 45 |
| | 5.3 | Leistungskennlinien von Windkraftanlagen | 47 |
| | 5.4 | Winddargebot | 48 |
| | 5.5 | Einfluss der Höhe | 49 |
| | 5.6 | Berechnung der Zeitreihen für unterschiedliche Windkraftanlagen | 51 |
| | 5.7 | Beispiel zur Leistung von Windkraftanlagen | 53 |
| | 5.8 | Zusammenfassung zum Verhalten von Windkraftanlagen | 56 |
| | | Literatur | 56 |
| **6** | **Zusammenwirken von Windkraft- und Photovoltaikanlagen** | | **57** |
| | 6.1 | Regionale Unterschiede | 57 |
| | 6.2 | Abhängigkeit der maximal erzeugten Leistung aus Photovoltaik von der erzeugten Leistung aus Windkraft | 59 |
| | 6.3 | Anwendungsmöglichkeiten | 61 |
| | 6.4 | Beispiel zum Zusammenwirken von Photovoltaik und Windkraft | 63 |
| | 6.5 | Zusammenfassung zum Zusammenwirken von Photovoltaik und Windkraft | 65 |
| **7** | **Anwendungsbeispiel Auslastung von Transformatoren** | | **67** |
| | 7.1 | Verluste in Transformatoren | 68 |
| | 7.2 | Belastbarkeit von ölgefüllten Transformatoren | 70 |
| | 7.3 | Beschreibung der Aufgabenstellung | 71 |
| | 7.4 | Beschreibung der Vorgehensweise | 71 |
| | 7.5 | Zu treffende Annahmen | 72 |
| | 7.6 | Eingangsparameter | 74 |
| | 7.7 | Ergebnisse der Temperaturberechnung | 74 |
| | 7.8 | Weitere Überlegungen zur Auslastung des Transformators | 75 |
| | 7.9 | Zusammenfassung zum Anwendungsbeispiel zur Auslastung eines ölgefüllten Transformators | 77 |
| | | Literatur | 78 |

| 8 | **Anwendungsbeispiel zur Weitbereichsregelung** | 79 |
|---|---|---|
| | 8.1 Direkte Spannungseinstellung von Transformatoren | 80 |
| | 8.2 Anforderungen an eine Weitbereichsregelung | 81 |
| | 8.3 Beschreibung der Aufgabenstellung | 83 |
| | 8.4 Beschreibung der Vorgehensweise und Annahmen | 83 |
| | 8.5 Ergebnisse der Berechnungen ohne geregelte Sammelschienenspannung | 85 |
| | 8.6 Analyse und Entwurf einer $U_{\text{soll}}(P)$-Regelung | 87 |
| | 8.7 Erneute Berechnung mit geregelter Sammelschienenspannung | 89 |
| | 8.8 Weitere Überlegungen zur Weitbereichsregelung | 90 |
| | 8.9 Zusammenfassung zum Anwendungsbeispiel zur Weitbereichsregelung | 92 |
| | Literatur | 94 |
| 9 | **Zusammenfassung** | 95 |
| | **Anhang** | 99 |
| | **Glossar** | 117 |
| | **Weiterführende Literatur und Informationen** | 121 |
| | **Sachverzeichnis** | 123 |

# 1 Einleitung

## 1.1 Bedeutung der elektrischen Energie

Elektrische Energie ist für die Menschheit unverzichtbar geworden. Sie ist vielseitig einsetzbar, auf zahlreiche Arten zu erzeugen und verlustarm zu transportieren. Sie kann in andere Energieformen wie mechanische Energie oder Wärme gewandelt werden.

In der Industrie wird elektrische Energie zusätzlich für sämtliche Aufgaben der Steuerung und Regelung eingesetzt.

Die Bedeutung der elektrischen Energie im Bereich der Mobilität gewinnt zunehmend an Bedeutung und für die immer wichtiger und leistungsfähiger werdende Informations- und Kommunikationstechnologie ist elektrische Energie Grundvoraussetzung.

Dabei hat die Energieversorgung in den Industrieländern eine so hohe Qualität und einen so hohen Stellenwert erreicht, dass Sie von den meisten Menschen als selbstverständlich empfunden wird.

## 1.2 Anforderungen an die Energieversorgung

Durch die allgemeinen Anforderungen an die Energieversorgung ergeben sich entsprechende Anforderungen an die Energieverteilnetze.

Die Anforderungen ergeben sich aus Gesetzen, aus den Erwartungen aus der Gesellschaft und aus den ökonomischen und ökologischen Rahmenbedingungen.

Wegen des hohen Stellenwerts der elektrischen Energie sind auch die Anforderungen an die Energieverteilnetze entsprechend hoch.

Eine Grundanforderung ist die Sicherheit der Netze. Vom elektrischen Netz dürfen selbstverständlich keine Gefahren für Menschen und Sachen ausgehen. Weiter müssen Netze zuverlässig sein. Versorgungsunterbrechungen durch Ausfälle von Betriebsmitteln sollten vermieden werden. Da diese Unterbrechungen nicht vorhersagbar sind und nicht grundsätzlich ausgeschlossen werden können, müssen Netze so geplant und aufgebaut sein, dass die Versorgungsunterbrechungen schnell wieder beseitigt werden können. Diese Anforderungen sprechen für ausreichend dimensionierte und auf Redundanz ausgelegte Netzkonzepte.

Diesen Anforderungen steht der Anspruch einer kostengünstigen Energieversorgung entgegen. Ausbaumaßnahmen und Erneuerungen von Betriebsmitteln müssen so geplant werden, dass die Betriebsmittel möglichst über ihre gesamte technische Lebensdauer genutzt werden können. Je nach Betriebsmittel kann diese 50 Jahre und mehr betragen.

Solche Anforderungen miteinander vereinbaren zu können erfordert einen hohen Aufwand und hohe Ansprüche an die Netzplanung.

## 1.3 Aufbau von Energieverteilnetzen

Das Energieversorgungssystem lässt sich in mehrere Spannungsebenen unterteilen: die Höchstspannungsebene, die Hochspannungsebene, die Mittelspannungsebene und die Niederspannungsebene. Es wird weiterhin unterteilt in Transportnetze, zu denen das Höchstspannungsnetz gehört, und die Verteilnetze, zu denen alle übrigen Netze zahlen.

Die höchste Spannungsebene hat das 380-kV-Netz, welches zum Transport elektrischer Leistung über größere Distanzen genutzt wird. Großkraftwerke, wie beispielsweise Atomkraftwerke, speisen ebenfalls in das 380-kV-Netz. Über den Betrieb im Verbund wird gegenseitige Unterstützung bei Kraftwerksausfällen ermöglicht, auch auf internationaler Ebene im europäischen Raum. Das 380 kV-Netz wird deshalb auch als Höchstspannungs-, Verbund-, Transport- oder *Übertragungsnetz* bezeichnet.

Dem Höchstspannungs- bzw. Transportnetz ist das *Hochspannungsnetz* unterlagert. Dessen Spannung beträgt 110 kV. In Umspannstationen wird die Spannung von 380 kV auf 110 kV heruntertransformiert und von dort aus in der Regel über Freileitungen weiterverteilt. Das Hochspannungsnetz dient zur Verteilung elektrischer Leistung auf regionaler Ebene. Größere Windparks speisen auch in das Hochspannungsnetz ein.

Aus dem Hochspannungsnetz werden über Umspannstationen die *Mittelspannungsnetze* versorgt, die wiederum die Niederspannungsnetze versorgen. Die Spannungstransformation erfolgt über Verteiltransformatoren mittlerer Größe, die über eine direkte Spannungseinstellung verfügen. Mittelspannung bezeichnet Spannungen zwischen 6 kV bis 30 kV. Üblicherweise werden jedoch 10 kV und 20 kV eingesetzt. Über das Mittelspannungsnetz werden auch Großkunden versorgt und die Leistung von Industriekraftwerken eingespeist. Der Großteil der Leistung aus Erneuerbaren Energien in Deutschland ist im Mittelspannungsnetz angeschlossen. Diese Leistung besteht zum größten Teil aus Windkraftanlagen. Der zweite relevante Anteil besteht aus größeren Photovoltaikanlagen.

Die Haushalte der Endverbraucher werden über das *Niederspannungsnetz* bzw. 0,4-kV-Netz versorgt. Es bezieht seine Leistung an den Umspannstationen, in denen die Spannung von 10 kV oder 20 kV auf 0,4 kV herunter transformiert wird. Da über diese Stationen die Niederspannungsortsnetze versorgt werden, werden diese oft auch als Ortsnetzstationen und die Transformatoren als Ortsnetztransformatoren bezeichnet. Photovoltaikanlagen mit Leistungen im zweistelligen kW-Bereich speisen in das Niederspannungsnetz ein.

In den folgenden Kapiteln wird in den Beispielen hauptsächlich auf das Nieder- und das Mittelspannungsnetz Bezug genommen.

## 1.4 Konventionelle Leistungsannahmen

Ursprünglich ist die Struktur der Stromnetze aus der lange Zeit üblichen Richtung des Energieflusses entstanden. Die Energie fließt aus Richtung der Höchst- und Hochspannungsebenen, in die die Kraftwerke einspeisen, in Richtung der unteren Spannungsebenen. Planungstechnisch galt es in der jeweiligen Spannungsebene die maximal zu erwartende Last anzunehmen, um die Netzbetriebsmittel so auslegen zu können, dass diese im ungestörten Betrieb thermisch nicht überlastet werden konnten (vergl. Abschn. 2.3) und der Spannungsfall (vergl. Abschn. 2.4) vorgegebene Grenzen einhielt. Mit den gleichen Annahmen wurde das *n-1-Kriterium* überprüft. Leistungen von Transformatoren und Querschnitte von Leitungen müssen ausreichen, um im Fall, dass eins von n Betriebsmitteln ausfällt, die beschriebenen Anforderungen weiterhin erfüllt werden. Wird entlang einer Leitung nur Leistung entnommen, so fällt die Spannung und wird zum Ende kleiner. Mit dem Anschluss von Anlagen zur Stromerzeugung aus regenerativen Energiequellen wird an den gleichen Stellen einer Leitung nicht nur Leistung durch Verbraucher entnommen, sondern auch Leistung eingespeist. Die Richtung und die Größe des Energieflusses können sich also ändern und somit auch die Richtung des Spannungsfalls, der dadurch zu einer Spannungsanhebung wird. Wird entlang einer Leitung nur Leistung eingespeist, ist die Spannung am Leitungsende am größten. In diesem Fall muss überprüft werden, dass die obere Spannungsgrenze nicht verletzt wird. Aus diesen Anforderungen heraus hat sich in der Planung eine Vorgehensweise etabliert, bei der beide Extrema betrachtet werden:

- Maximale Last, Einspeisung durch Erneuerbare Energien bleiben unberücksichtigt,
- Maximale Einspeisung durch Erneuerbare Energien, Last bleibt unberücksichtigt.

Dabei wird angenommen, dass alle Windkraft- und Photovoltaikanlagen gleichzeitig mit ihrer gesamten Nennleistung in das Netz einspeisen. Dieser konventionelle Ansatz bietet den Vorteil größter Planungssicherheit.

## 1.5 Netzberechnung unter Berücksichtigung von Erzeugungsprofilen

Im Jahr 2014 waren in Deutschland an Land ca. 38 GW Leistung in Form von Windkraftanlagen und ca. 38 GW Leistung in Form von Photovoltaikanlagen im Netz installiert. Damit hat sich die Summe an installierter Leistung aus Windkraft und Photovoltaikanlagen seit 2009 mehr als verdoppelt. Abb. 1.1 zeigt die Entwicklung der installierten

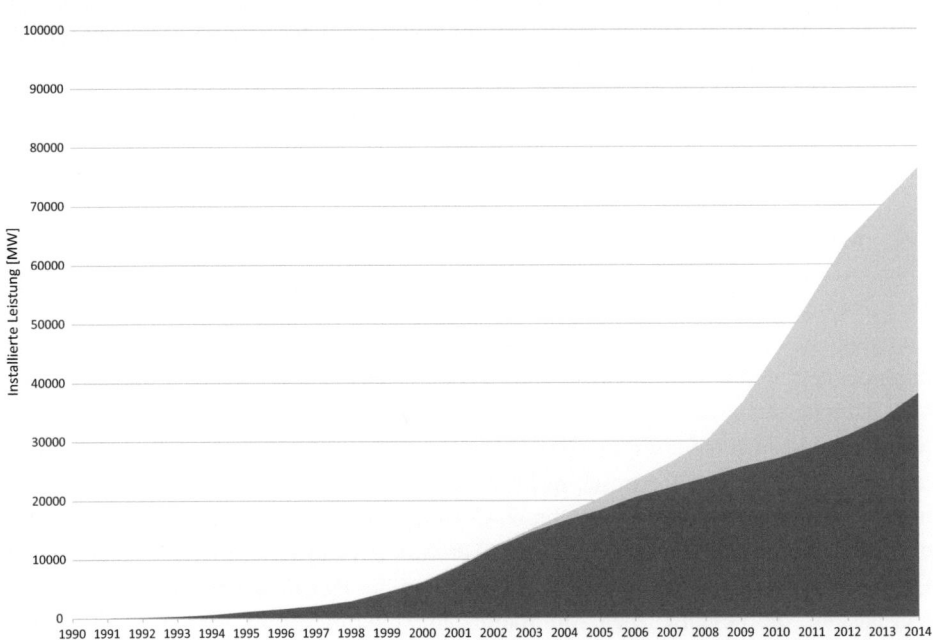

**Abb. 1.1** Entwicklung installierter Leistung von Windkraft- und Photovoltaikanlagen

Leistung in Form von Windkraftanlagen (untere Kurvenfläche) und Photovoltaikanlagen (obere Kurvenfläche).

Immer häufiger führt der konventionelle Ansatz bei der Planung, weitere Leistung zu installieren, zu zwei möglichen Ergebnissen:

- Netzausbau oder -verstärkung ist notwendig, um die geplante Windkraft oder Photovoltaikanlage an das Netz anschließen zu können.
- In einem Netz können keine weiteren Anlagen zur Stromerzeugung aus Erneuerbare Energien angeschlossen werden.

Die tatsächliche maximale Leistung ist meistens jedoch deutlich geringer. Windkraftanlagen an Land haben ca. 1500 Volllaststunden. Photovoltaikanlagen in Deutschland haben ungefähr 800 *Volllaststunden*. In Abschn. 4.4 und 5.4 wird gezeigt, dass sich diese Volllaststunden zu nicht unerheblichen Teilen aus Betriebsstunden in unteren und mittleren Leistungsbereichen zusammensetzen. Dies ist im Wesentlichen darauf zurückzuführen, dass nicht für alle Anlagen gleichzeitig die optimalen Bedingungen vorzufinden sind.

Ist das zeitliche Verhalten bekannt oder abschätzbar, so kann das Netz für die realistischen Bedingungen optimiert werden. Das zeitliche Verhalten wird durch die Witterung bestimmt. Dabei müssen regionale Unterschiede berücksichtig werden. In Abschn. 4.4, 5.4 und 6.1 wird gezeigt, dass es große Unterschiede gibt. Die notwendigen Messdaten zur Temperatur, Windgeschwindigkeit und globalen Einstrahlung können in der Regel von Wetterdiensten bezogen werden. Der Deutsche Wetterdienst bietet über seinen Service WESTE Messwerte zu Windgeschwindigkeiten und zur solaren Einstrahlung an. Das Internetportal Satel-Light bietet eine Vielzahl von Daten zur Sonneneinstrahlung an.

Zunächst werden Messwerte mit Zeitangabe von Einstrahlungsstärke und Windgeschwindigkeit erfasst und im darauf folgenden Schritt in Leistungen entsprechend Abschn. 4.2 und 5.6 umgerechnet. Es stehen damit regionalspezifische Leistungsverläufe zur Verfügung. Für einige Anwendungsfälle ist darüber hinaus die Temperatur eine wertvolle Information.

Messwerte zur tatsächlichen Leistung von Windkraft- oder Photovoltaikanlagen stehen nicht immer zur Verfügung. Da die *genauen* Bedingungen der gemessenen Anlagen häufig unbekannt und nicht bewertbar sind, ist deren Verhalten auf zusätzlich geplante Anlagen nicht immer übertragbar. In Abschn. 5.5 und 5.3 wird z. B. der Einfluss der Kennlinie oder der Nabenhöhe einer Windkraftanlage deutlich.

Bei der Verwendung von *Erzeugungsprofilen* in der Netzberechnung muss man sich dessen bewusst sein, dass es nicht mehr einen einzigen kritischen Zeitpunkt gibt, sondern für jeden Knoten im Netz der kritischste Zustand zu einem anderen Zeitpunkt auftreten kann. Es müssen jedoch alle kritischen Zustände bei der Berechnung erfasst werden. Bei Netzberechnungsprogrammen gehören Funktionen wie Leistungsflussberechnung mit Profilen und programmierbare Schnittstellen heute bereits zum Standard.

Auch wenn sich bei der Planung unter der Verwendung von Erzeugungsprofilen Grenzwertverletzungen feststellen lassen, so besteht die zusätzliche Möglichkeit, anstelle des konventionellen Netzausbaus durch Leitungsverstärkung oder Erhöhung der Transformatorleistung Flexibilitätstechnologien zu bewerten und zu planen. Einige dieser Flexibilitätstechnologien, für deren Planung Erzeugungsprofile von Vorteil – teilweise sogar unverzichtbar – sind, sind beispielhaft aufgelistet. Sie können dabei nicht nur einzeln, sondern auch in Kombination untersucht werden.

- *Erzeugungsmanagement* bietet die Möglichkeit, durch gezieltes Reduzieren der Erzeugungsleistung Grenzwertverletzungen zu vermeiden. Unter der Berücksichtigung von Erzeugungsprofilen lassen sich Höhe und Anzahl der Reduzierungen bestimmen. Diese Alternative zum Netzausbau ist besonders dann von Vorteil, wenn die Wahrscheinlichkeit, reduzierend eingreifen zu müssen, sehr gering ist.
- Eine dynamische Anpassung der Sollspannung – auch *Weitbereichsregelung* – kann einen Beitrag zur Spannungsqualität liefern. Zu Zeitpunkten mit hoher Einspeisung und hoher Spannungsanhebung kann eine niedrigere Sollspannung vorgegeben und eine Verletzung des oberen Spannungsbandes vermieden werden. Analog ist es möglich, bei hoher Leistungsentnahme eine höhere Sollspannung vorzugegeben. Dazu können die Stufensteller von den HS/MS-Transformatoren eingesetzt werden. Diese besitzen die Eigenschaft, auch unter Belastung in bestimmten Stufen das Übersetzungsverhältnis des Transformators anzupassen. Für die Vorgabe der Sollspannung sind bei der Planung Informationen über die tatsächlich auftretenden Spannungen im Netz erforderlich. Dazu findet sich in Kap. 8 ein Beispiel.

- MS/NS-Transformatoren (auch Verteil- oder Ortsnetztransformatoren) besitzen ein einstellbares Übersetzungsverhältnis. Dieses kann jedoch nur im unbelasteten Zustand geändert werden. Sind die tatsächlichen Spannungsverhältnisse bekannt, so kann das *starre Übersetzungsverhältnis* angepasst werden. Bewegt sich die Spannung an der oberen Grenze, wird das Übersetzungsverhältnis vergrößert.
- *Regelbare Ortsnetztransformatoren* können die gleiche Funktion erfüllen. Zusätzlich haben Sie den Vorteil, auch unter Belastung ihr Übersetzungsverhältnis anzupassen.
- Windkraftanlagen und Photovoltaikanlagen haben die Eigenschaft, *induktive Blindleistung* beziehen zu können, während sie gleichzeitig Wirkleistung einspeisen. Dieser Blindanteil reduziert die Spannungsanhebung durch die Wirkleistungseinspeisung. Ob ein spannungs- oder leistungsabhängiger Blindleistungsbezug besser geeignet ist, lässt sich bewerten, wenn die möglichen Netzzustände bekannt sind. Da durch die zusätzlich bezogene Blindleistung die Betriebsmittel thermisch stärker belastet werden, muss unter Umständen auch die Dauer der höheren Belastungen ermittelt werden.
- Werden *Speicher* eingesetzt, so können diese das Netz entlasten. Wenn ein Überangebot an erzeugter Leistung vorhanden ist, werden die Speicher aufgeladen und es muss weniger Leistung übertragen werden. Wird wieder weniger Leistung in einem Netz erzeugt, so kann den Speichern Energie entnommen werden. Für die Dimensionierung der Speicher sind nicht nur die kritischen Zustände, sondern auch die kritischen zeitlichen Verläufe relevant.
- Kabel und Transformatoren können in bestimmten Fällen zeitlich begrenzt auch oberhalb ihres Nennbereiches betrieben werden. Entscheidend ist, welche Temperaturen die Betriebsmittel dabei erreichen. Dabei ist der zeitliche Verlauf der Belastung entscheidend. In Kap. 8 wird dies am Beispiel eines Transformators gezeigt.

▶ **Merke** Planung, Bewertung und Einsatz von Smart-grid-Technologien erfordern Kenntnisse über die Verläufe und möglichen Kombinationen von erzeugter und entnommener Leistung.

## 1.6 Zusammenfassung zur Einleitung

Der Aufbau des Energiesystems orientiert sich an den Energieflüssen, die ursprünglich von Großkraftwerken in den oberen Spannungsebenen an die Endverbraucher in den unteren Spannungsebenen verteilt wurden.

Zur Einhaltung der unteren Spannungsgrenze ist es angemessen, mit der maximalen entnommenen Lastentnahme zu rechnen und danach das Netz zu dimensionieren.

Mit der Stromerzeugung durch regenerative Energiequellen wechselt der Energiefluss seine Richtung. Die installierte und erzeugte Leistung ist unabhängig von

## 1.6 Zusammenfassung zur Einleitung

der maximalen Last, für die das Netz ursprünglich ausgelegt wurde. Es kommt zur Rückspeisung von den unteren in die oberen Spannungsebenen und die Spannung fällt nicht nur zum Ende der Leistung, sondern steigt auch bei entsprechend hoher erzeugter Leistung. Es muss deshalb neben der thermischen Belastung der Betriebsmittel die Einhaltung des oberen und des unteren Spannungsbandes überprüft werden.

Konventionell werden zwei Situationen betrachtet: Einhaltung der unteren Spannungsgrenze und Belastungsgrenzen bei maximaler Lastentnahme ohne Erzeugungsleistung; Einhaltung der oberen Spannungsgrenze und Belastungsgrenze bei gesamter installierter Leistung der Erzeugungsanlagen ohne Lastentnahme.

Die Berechnungen mit konventionellen Annahmen zur Erzeugung treffen nur sehr unwahrscheinlich zu und führen zu unzutreffenden Schlüssen.

Das zeitliche Verhalten von Erzeugungsanlagen ist nicht allein zufällig und bestimmbar. Wird dies berücksichtigt, können sowohl Smart-grid-Technologien richtig bewertet und geplant, als auch eine Überdimensionierung des Netzes vermieden werden.

# Netzplanung 2

## 2.1 Aufgaben in der Netzplanung

In der Netzplanung unterscheiden sich die dazugehörigen Aufgaben vom zeitlichen Planungshorizont und der zu untersuchenden Spannungsebene. In höheren Spannungsebenen sind die Planungshorizonte in der Regel länger als in den unteren Spannungsebenen.

Die *Grundsatzplanung* dient der generellen Festlegung von Netzkonzepten und Standards. Die Netzform (Strahlen-, Ring- oder Maschennetz), die Anzahl der Entnahmestellen je Abgang, die Form der Sternpunktbehandlung und die Definition von Standardbetriebsmitteln oder vergleichbare Aufgaben können dazu zählen. Die getroffenen Festlegungen können auch von Parametern abhängig gemacht werden, im Ergebnis können für städtische Netze z. B. andere Grundsätze gelten als für ländliche Netze. Um dies zu erreichen, sind umfangreiche Variantenvergleiche notwendig. Der zukünftige Bedarf an elektrischer Leistung und der zu erwartende Zuwachs an Erzeugungsanlagen sind entscheidende Parameter. Werden unterschiedliche Entwicklungspfade und technische Weiterentwicklung betrachtet, können Planungsrisiken reduziert werden. So kann beispielsweise die Auswirkung von weniger Windkraftanlagen mit geringeren Leistungen, jedoch mit anderer Leistungskennlinie betrachtet werden. Der Planungshorizont beträgt bei der Grundsatzplanung bis zu 20 Jahre [1].

Die *Netzausbauplanung* baut auf der Grundsatzplanung auf. Der Planungshorizont beträgt bis zu 10 Jahre. Unter Berücksichtigung der festgelegten Grundsätze werden konkrete Netzabschnitte im Detail geplant. Als Ergebnis können die benötigten Leistungen von Transformatoren und die Standorte von Umspannstationen zur Verfügung stehen. Auch bei der Netzausbauplanung sollte unter verschiedenen Varianten verglichen werden und ein Optimum gesucht werden. Für den zu erwartenden Bedarf stehen in der Regel Informationen wie Neubaugebiete und Erfahrungswerte zur Verfügung. Den zu erwartenden installierten Leistungen durch Wind- und Photovoltaikanlagen müssen ebenfalls eine hohe Bedeutung beigemessen werden. In manchen Regionen stellt die Erzeugungsleistung den entscheidenden Eingangsparameter für die Netzausbauplanung dar. Da sich die Verteilung der Erzeugungsleistung in der Fläche oft weniger präzisieren lässt als die der Last, sollten bei der Netzausbauplanung *verschiedene Entwicklungs- und Ausbaupfade* berücksichtigt werden, um das Risiko einer Fehlplanung zu minimieren. Die Verwendung von Erzeugungsprofilen bietet gute Möglichkeiten, ein unter technischen und wirtschaftlichen Aspekten optimiertes Netz zu planen.

Planungen mit einem zeitlichen Horizont bis zu fünf Jahren werden in der Regel der *Projektplanung* zugeordnet. Aus der Netzausbauplanung werden einzelne Teilprojekte definiert, deren Umsetzung eine Aufgabe der Projektplanung ist. Auch die Bewertung und die Realisierung von Anschlüssen einzelner Erzeugungsanlagen sind der Projektplanung zuzuordnen.

## 2.2 Bedingungen für den Anschluss von Erzeugungsanlagen

Mit dem Anschluss von Erzeugungsanlagen ändern sich Ströme und Spannungen innerhalb eines Netzes. Diese Änderungen dürfen nur soweit gehen, dass die eingesetzten Betriebsmittel nicht überlastet werden und der Netzbetrieb durch die angeschlossenen Anlagen nicht beeinträchtigt wird.

Da beim Anschluss von Erzeugungsanlagen Leistungselektronik eingesetzt wird, kann diese unerwünschte *Oberschwingungen* verursachen. In [2] sind diese Effekte näher betrachtet.

Kurzschlüsse sind Fehler im Netz, dabei können hohe Ströme erreicht werden, die die Betriebsmittel thermisch und durch die Stromkräfte auch mechanisch stark belasten. Die Fehler im Netz müssen innerhalb kürzester Zeit durch Schutzeinrichtungen erkannt und infolge dessen abgeschaltet werden können. Werden an ein vorhandenes Netz z. B. Windkraftanlagen oder Photovoltaikanlagen angeschlossen, so können sich dadurch die *Kurzschlussströme* verändern. Solche Änderungen dürfen nicht dazu führen, dass unzulässig hohe Kurzschlussströme erreicht werden können und die Schutzeinrichtungen müssen weiterhin Fehler erkennen und abschalten können.

Die Verwendung von Erzeugungsprofilen ist für den sogenannten ungestörten Netzbetrieb relevant. Diese Betrachtung ist die führende bei der Dimensionierung und Planung eines Netzes. Die *Leistungsflussberechnung* – früher teilweise auch Lastflussberechnung – ist das dabei einzusetzende Werkzeug. Durch die Einspeisung von Strom aus Windkraftanlagen ändern sich

- die Spannungen an den Knoten im Netz,
- die thermische Belastung der eingesetzten Leitungen und Transformatoren,
- die zu übertragende Wirk- und Blindleistung und
- die Verlustleistung innerhalb des Netzes.

## 2.3 Thermische Belastbarkeit von Betriebsmitteln

Wird ein Kabel oder ein Transformtor strombelastet, so entsteht Verlustleistung, welche in Wärme umgesetzt wird, die zu einer Temperaturerhöhung des Betriebsmittels führt. Thermische Überbeanspruchungen von Betriebsmitteln können deren physikalische und chemische Eigenschaften verändern, wenn werkstoffspezifische Grenztemperaturen nicht eingehalten werden. Die Folge ist eine Verringerung der Lebensdauer. Im Extremfall kann bei Kabeln eine zu starke thermische Belastung zu einem Wärmedurchschlag führen. Auch ohne Strombelastung entstehen in Kabeln Verlustleistungen im Dielektrikum sowie in Transformatoren Leerlaufverluste durch die erforderliche Magnetisierung.

Die Temperaturerhöhung ist abhängig von der Höhe und Dauer der jeweiligen Belastung. Temporär können Betriebsmittel auch oberhalb ihres Nennbereiches betrieben werden, sofern die Grenztemperaturen eingehalten werden.

Die Strombelastbarkeit von Kabeln hängt von der Art des Kabels (VPE-, PVC oder Massekabel) ab und davon, wie und in welchem umgebenden Medium (Erdreich oder Luft) es verlegt wird. Die physikalischen Eigenschaften des Erdreiches sind entscheidend dafür, wie viel Verlustleistung das Kabel an seine Umgebung abgeben kann. Mit zunehmender thermischer Leitfähigkeit des Kabels und des Bodens und mit abnehmender Umgebungstemperatur kann das Kabel mehr Leistung an seine Umgebung abführen. Die Umgebungstemperatur des Erdreiches kann sich je nach Verlegetiefe im Jahresverlauf unterschiedlich stark ändern. Mit zunehmender Tiefe wird die Temperatur konstanter.

In der DIN VDE 0276 sind Umrechnungsfaktoren zu entnehmen, mit denen ein Kabel abweichend von seinem Bemessungsstrom $I_r$ mit dem zulässigen Strom

$$I_z = I_r \cdot f_1 \cdot f_2 \qquad (2.1)$$

betrieben werden kann. Es muss dabei neben den Umgebungsbedingungen und der Form der Verlegung auch der Belastungsgrad

$$m = \frac{\int_0^{T_z} P(t)\mathrm{d}t}{P_{\max} \cdot T_z} \qquad (2.2)$$

berücksichtigt werden. In der Regel wird $m$ mit 0,7 angenommen [1]. Abhängig von der Größe und des zeitlichen Verlaufs kann sich dieser Wert ändern. Ob die eingespeisten Leistungen von Windkraftanlagen oder Photovoltaikanlagen zu einem höheren oder geringerem Belastungsgrad führen, hängt von den resultierenden Momentanwerten der Leistung ab und kann durch Erzeugungsprofile ermittelt werden.

Die maximal zulässigen Temperaturen sind für VPE Kabel 90 °C und für Massekabel 65 °C.

## 2.4 Anforderungen an die Spannung

In der DIN EN 50160 werden die Anforderungen an die *Spannungsqualität* definiert. Nach dieser Definition darf die Spannung beim Endverbraucher um $\pm\,10\,\%$ von der Nennspannung abweichen. Da bei festen Übersetzungsverhältnissen an den Ortsnetztransformatoren Spannungsänderungen aus dem Mittelspannungsnetz in das Niederspannungsnetz übertragen werden, hat der Verteilnetzbetreiber die Aufgabe, das zulässige Spannungsband auf die beiden Ebenen der Mittel- und der Niederspannung aufzuteilen. Häufig werden jeweils $\pm\,4\,\%$ Spannungsänderung in beiden Spannungsebenen festgelegt. Die verbleibenden 2 % stehen für die Umspannung an den MS/NS-Transformatoren zur Verfügung.

Für den Anschluss von Erzeugungsanlagen im Niederspannungsnetz legt die Anwendungsregel VDE AR 4105 fest, dass die Spannungsanhebung nicht größer als 3 % gegenüber der Spannung ohne Erzeugungsanlagen sein darf.

Die technischen Richtlinien für Erzeugungsanlagen am Mittelspannungsnetz des BDEW legen fest, dass die Spannungsänderung durch alle direkt ins Mittelspannungsnetz einspeisenden Erzeugungsanlagen an keinem Verknüpfungspunkt im Netz größer als 2 % betragen darf. Sie erlaubt dem Verteilnetzbetreiber in Einzelfällen auch von den 2 % abzuweichen [3].

Da es sich um Richtlinien handelt, kann ihre bloße Anwendung allein die umfassende ingenieurmäßige Beurteilung nicht ersetzen.

So müssen bei der Bewertung von Anschlüssen von Erzeugungsanlagen stets beide Kriterien, die zulässige Spannungsänderung innerhalb des Spannungsbandes und die gesamte Spannungsänderung erfüllt werden.

Zum besseren Verständnis soll dies, unter Beachtung der oben aufgeführten Festlegungen, am Beispiel einer an das Mittelspannungsnetz anzuschließenden Windkraftanlage kurz zusammengefasst werden:

1. Berechnung der Spannungsänderung in der Mittelspannung gemäß Richtlinie: Dabei wird angenommen, dass alle in der Mittelspannung angeschlossenen Anlagen mit voller Leistung einspeisen. Die Spannungsänderung darf nicht größer als 2 % sein. Die Leistung, die von in der Niederspannung angeschlossenen Photovoltaikanlagen über die versorgten Ortsnetzstationen in die Mittelspannung zurückgespeist wird, bleibt dabei unberücksichtigt.
2. Berechnung der Spannungsänderung gemäß definierter Aufteilung des Spannungsbandes: Dabei wird die gesamte resultierende Leistung angenommen. Die Spannungsänderung darf nicht mehr als 4 % betragen.

Besonders im zweiten Schritt wird konventionell immer mit der gesamten installierten Leistung gerechnet – mit allen eventuellen, sich daraus ergebenden Nachteilen (vgl. Abschn. 1.4). Unter Berücksichtigung von Erzeugungsprofilen kann oft mehr Leistung in der Mittelspannung angeschlossen werden, ohne das 4 %-Kriterium zu verletzen.

## 2.5 Zusammenfassung zur Netzplanung

> Die Netzplanung kann in die Grundsatz-, die Ausbau- und die Projektplanung unterteilt werden.
>
> Jede Planungsart verfolgt unterschiedliche Zielsetzungen und beinhaltet unterschiedliche Aufgabenschwerpunkte.
>
> In der Planung wird neben vielen anderen Aspekten die Einhaltung von Grenzwerten überprüft. Spannungen an einzelnen Knoten im Netz müssen Minimal- und Maximalwerte einhalten. Betriebsmittel dürfen thermisch nicht überlastet werden.
>
> Sollen Anlagen zur Erzeugung von Strom aus erneuerbaren Energien angeschlossen werden, müssen diese Grenzen weiterhin eingehalten werden.
>
> Durch die Unvorhersagbarkeit zukünftiger Entwicklungen im Zuwachs von Windkraftanlagen und Photovoltaikanlagen gestaltet sich die Netzplanung zu einem abstrakten wie komplexen und spannendem Aufgabenbereich.

### Literatur

1. Schlabbach J, Metz D (2005) Netzsystemtechnik. VDE, Berlin Offenbach
2. Schlabbach J, Monbauer (2008) Power Quality. VDE, Berlin Offenbach
3. BDEW (2008) Technische Richtlinie. Erzeugungsanlagen am Mittelspannungsnetz, Richtlinie für Anschluss und Parallelbetrieb von Erzeugungsanlagen am Mittelspannungsnetz

# Netzberechnung 3

Für die Planungsaufgaben von Stromverteilnetzen stehen verschiedene Berechnungsverfahren als Werkzeug zur Verfügung. Einige dieser Verfahren wurden bereits in den Anfängen unseres Stromversorgungssystems entwickelt und manuell durchgeführt. Die Verfahren zur manuellen Berechnung sind auch für überschaubare Netze recht aufwendig. Heute sind Netzberechnungsprogramme Standardwerkzeuge in der Planung. Sie stellen, basierend auf einem Netzmodell, verschiedene Berechnungsverfahren zur Verfügung. Betriebsmittelbibliotheken und Schnittstellen zu GIS-Systemen bieten einen großen Komfort bei der Erstellung des Netzmodells. Die Auswertung und Aufbereitung der Ergebnisse werden durch Schnittstellen zu Tabellenkalkulationsprogrammen erleichtert.

Die *Leistungsflussberechnung* ist das wichtigste Hilfsmittel in der Netzplanung [1, 2]. Mit ihr können die thermischen Belastungen und die sich ergebenden Knotenspannungen in Abhängigkeit der vorgegebenen entnommenen und eingespeisten Leistung an den Knoten bestimmt werden.

Die *Kurzschlussstromberechnung* wird eingesetzt, um die Ströme für verschiedene Fehlerarten im Netz zu ermitteln. Sie dient der Überprüfung, ob die Betriebsmittel über eine ausreichende Kurzschlussfestigkeit verfügen und zur Ermittlung sämtlicher Parameter die zur Fehlererfassung und zur Fehlerabschaltung benötigt werden. Es werden ein- und mehrpolige Kurzschlussarten berechnet, mit und ohne Erdberührung. Für alle Fehlerarten werden die kleinsten und größten Kurzschlussströme berechnet. Zur Kurzschlussstromberechnung kann auf das gleiche Netzmodell wie in der Leistungsflussberechnung zurückgegriffen werden. Die anzuwendenden Berechnungsverfahren für Kurzschlüsse in Drehstromnetzen sind in der VDE 0102 bzw. der IEC 60909-0 beschrieben [3].

Die Zuverlässigkeit eines Stromverteilnetzes – eine Kenngröße, die zunehmend an Bedeutung gewinnt – kann mit der *Zuverlässigkeitsanalyse* berechnet werden. Ausfallhäufigkeiten und Ausfalldauern von Komponenten sind aus Statistiken bekannt und können vorgegeben werden, um die Zuverlässigkeitskenngrößen des Netzes

- mittlere Unterbrechungshäufigkeit SAIFI (**S**ystem **A**verage **I**nterruption **F**requency **I**ndex) und
- mittlere Unterbrechungswahrscheinlichkeit SAIDI (**S**ystem **A**verage **I**nterrruption **D**uration **I**ndex)

rechnerisch zu bestimmen. Die führenden Berechnungsverfahren in der Zuverlässigkeitsanalyse von Stromverteilnetzen sind die Zustandsenumeration und die Monte-Carlo-Simulation [4].

Über Schnittstellen zu individuellen Programmen können Algorithmen vom Anwender vorgegeben werden, damit die verschiedenen Berechnungen automatisiert mehrfach durchgeführt werden können. Ergebnisabhängig oder ergebnisunabhängig können dann nach jeder Berechnung die Vorgaben zur Belastung oder zu den Netzeigenschaften variiert werden.

Darüber hinaus bieten aktuelle Netzberechnungsprogramme unter anderem Module zur Oberschwingungs-, Flicker- und Motorhochlaufanalyse sowie optimierende Werkzeuge zur Dimensionierung und zum Einsatzort für Anlagen zur Blindleistungskompensation, für die Ermittlung der optimale Lage der Trennstelle und für optimierte Schalthandlungen zur Wiederversorgung der Verbraucher im Fall eines Komponentenausfalls an.

## 3.1 Formen der Leistungsflussberechnung

Für die Leistungsflussberechnung, die oft auch noch als Lastflussberechnung bezeichnet wird, existieren verschiedene Verfahren. Diese unterscheiden sich in ihrer Komplexität und haben alle ihre speziellen Vor- und Nachteile.

Leistungsflussberechnung unterscheidet sich von anderen aus der Elektrotechnik bekannten Verfahren zur Netzwerkanalyse. In linearen elektrischen Schaltungen und Netzwerken können Ströme, Spannungen und Impedanzen vorgegeben werden und durch bekannte Lösungsverfahren wie z. B. dem Gauß-Eliminationsverfahren exakt gelöst werden.

Bei der Leistungsflussberechnung wird das Netz als Netzwerk von Impedanzen nachgebildet. An seinen Knoten werden jedoch Werte für die entnommene oder eingespeiste *Blind- und Wirkleistung* vorgegeben. Gesucht werden die Spannungen nach Betrag und Winkel an den einzelnen Knoten und die Ströme in den einzelnen Zweigen. An den Impedanzen, die zwei Knoten verbindet, entsteht durch den komplexen Strom $I$ zwischen den Knoten die komplexe Spannungsdifferenz $\underline{\Delta U}$. Gleichzeitig muss jederzeit an jedem Knoten die Bedingung

$$\underline{S}_i = \underline{U}_i \cdot \underline{I}_i^* \qquad (3.1)$$

erfüllt werden. Da sich mit dem Strom auch die Spannungsdifferenz und damit die Knotenspannungen ändern, werden iterative Lösungsverfahren eingesetzt.

Die einfachsten Verfahren sind linearisierende Näherungsverfahren. Sie eignen sich besonders für überschlägige Ermittlungen des Netzzustandes und erfordern weniger Rechen- und Iterationsaufwand. Sie können als Teilschritte von anderen übergeordneten Berechnungsverfahren eingesetzt werden. Das kann in der Zuverlässigkeitsanalyse zweckmäßig sein oder in anderen Fällen, in denen viele Zustände berechnet werden müssen und der Berechnungsaufwand begrenzt werden muss [2]. Naturgemäß sind einfachere Verfahren ungenauer und bieten nicht die gleichen Möglichkeiten wie andere Verfahren.

Ein weiteres Verfahren bedient sich der *Stromsummen*. Bei dieser Art Verfahren wird angenommen, dass die Ströme konstant sind und sich nicht mit dem Betrag und dem Winkel der Knotenspannungen ändern. Die Bedingungen dafür werden nach den Kirchhoffschen Gesetzen aufgestellt und gelöst, nach denen die Summe aller Ströme in einem Knoten gleich Null sein muss. Dieses Verfahren ist geeignet, wenn die Impedanzen des Netzes einen so geringen Imaginäranteil besitzen, dass der Fehler der Winkel gering ist und die Winkel der Leistungen keine besondere Bedeutung haben [2].

Das Verfahren mithilfe der *Leistungssummen* ist dem Verfahren mithilfe der Stromsummen ähnlich, nur dass die Bedingung erfüllt sein muss, dass an jedem Knoten sich alle zu- und abfließenden Wirk- und Blindleistungen zu Null addieren. So kann für jeden Knoten die Wirk- und Blindleistung vorgegeben und die komplexe Knotenspannung berechnet werden [5]. Dieses Verfahren hat gegenüber den anderen Verfahren den Vorteil, dass dabei an jedem Knoten Wirk- und Blindleistungen, bzw. als Scheinleistung und *Wirkleistungsfaktor* cos $\varphi$ oder andere ineinander überführbare Darstellungen, vorgegeben werden können und die Bedingung in Gl. 3.1 erfüllt wird. Zur Lösung der Berechnung kommt häufig das Newton-Raphson-Verfahren zum Einsatz. Es können spannungsabhängige Leistungen, spannungsunabhängige Leistungen und Kombinationen beider vorgegeben werden. Da nicht an jedem Knoten im Netz bekannt ist, in welcher Form die an ihm eingespeiste oder entnommene Leistung von der Spannung abhängt, werden in der Regel spannungsunabhängige Leistungen angenommen. Die Eigenschaft vorgegebener Wirk- und Blindleistung ist von besonderer Bedeutung, da die Vorgabe zum Blindleistungsverhalten von Erzeugungsanlagen ein flexibel einsetzbares Instrument ist, um die Anforderungen an die Netzspannung erfüllen zu können. Wenn im Weiteren auf die Leistungsflussberechnung Bezug genommen wird, so ist damit das Verfahren mithilfe der Leistungssummen gemeint.

Netzberechnungsprogramme nutzen das Verfahren der Leistungsflussberechnung auch für Optimierungsaufgaben, bei denen bei der Suche nach dem Optimum laufend die Einhaltung der Grenzwerte sichergestellt und überprüft werden muss. Dabei kann unter Vorgaben bestimmter Spannungen oder minimaler Verluste die optimale Bereitstellung von Blindleistung zur Spannungshaltung, die optimale Trennstelle oder die optimale Regelstufe eines Transformators ermittelt werden.

## 3.2 Ablauf einer Leistungsflussberechnung

Die Leistungsflussberechnung kann in die Teilschritte

1. Erstellen des Netzmodells,
2. Vorgeben der Leistungen,

3. Berechnung der Ergebnisse,
4. Auswertung und Interpretation der Ergebnisse

gegliedert werden.

Zunächst wird ein geeigneter Knoten als Slack- bzw. *Bilanzknoten* – ausgewählt. Dieser Knoten hat die besondere Eigenschaft einer festgelegten und stabilen Spannung und eines definierten Winkels. Idealerweise wird die Slackspannung in die reele Achse gelegt. Alle Winkel der berechneten Knotenspannungen beziehen sich auf die Winkeldifferenz gegenüber der Slackspannung. Der Slackknoten schafft zusätzlich den Leistungsausgleich. Wird innerhalb eines Netzes mehr Leistung entnommen als eingespeist, gibt er Leistung an das zu untersuchende Netz ab. Wird mehr Leistung abgegeben als aufgenommen, nimmt der Slackknoten Leistung vom Netz auf. Dies ist leichter nachzuvollziehen, wenn ein geeigneter Knoten ausgewählt wird, der auch im realen Netz ähnliche Eigenschaften besitzt. Wird ein Mittelspannungsnetz untersucht, kann die Hochspannungssammelschiene im HS/MS-Umspannwerk diese Funktion übernehmen.

In den darauf folgenden Schritten werden sämtliche Knoten des Netzes definiert, in Form von Entnahme- bzw. Einspeisestellen oder Sammelschienen. Dabei stehen verschiedene Formen für jeden Knoten zur Verfügung. Den Knoten können weitere Eigenschaften zugewiesen werden, z. B. ob es sich um eine Sammelschiene handelt und welche Formen der Schaltmöglichkeiten dort zur Verfügung stehen. Anschließend werden die Knoten entsprechend des realen Netzes durch Leitungen miteinander verbunden. Jeder Leitung wird ihre Länge so wie ihre ohmschen, induktiven und kapazitiven Beläge zugeordnet. Für Kabel können diese Angaben in der Regel technischen Datenblättern entnommen werden. Bei Freileitungen sind insbesondere die Werte für die induktiven und kapazitiven Beläge von den Abständen zwischen benachbarten Leitern und vom Abstand zur Erde abhängig. Für Freileitungen kann daher oft auf Richtwerte zurückgegriffen werden. Zu jeder Leitungsart kann die maximale Belastbarkeit angegeben werden. Dies hat den Vorteil, den Strom nicht als Betrag in A, sondern auch in % der Bemessungsstromstärke als Ergebnis anzuzeigen. Besonders bei umfangreichen Netzmodellen bietet die Normierung auf die Bemessungsstromstärke Vorteile der Übersichtlichkeit bei der Auswertung. Transformatoren werden im Netzmodell neben ihren Schaltgruppen auch ihre Leistungswerte, ihre relative Kurzschlussspannungen sowie ihre Kurzschluss- und Leerlaufverluste zugewiesen, aus denen sich die Werte ihrer Längs- und Querimpedanzen bestimmen lassen. Zusätzlich sind Angaben zur Übersetzung und – sofern vorhanden – zu den Eigenschaften der Stufenregelung vorzugeben.

Damit steht das Netzmodell zur Verfügung und kann für verschiedene Formen der Netzberechnung eingesetzt werden.

Sind im Netzmodell alle Leitungen nachgebildet, können den Knoten ihre Leistungen zugewiesen werden. Dabei gilt für einen Lastknoten:

- $P > 0$ : Der Knoten verhält sich als Last, er nimmt Wirkleistung aus dem Netz auf.
- $P < 0$ : Der Knoten verhält sich als Einspeisung und gibt Wirkleistung an das Netz ab.

- $Q > 0$ : Der Knoten bezieht induktive Blindleistung aus dem Netz.
- $Q < 0$ : Der Knoten bezieht kapazitive Blindleistung aus dem Netz.

Deshalb muss bei Einspeisungen genau auf das richtige Vorzeichen der Wirk- und Blindleistungen geachtet werden.

Mit diesen Vorgaben können für den jeweiligen Netzzustand die Knotenspannungen und die Belastungen der Betriebsmittel berechnet werden. Ändern sich an den Knoten die entnommenen oder eingespeisten Leistungen, muss die Berechnung mit den neuen Werten wiederholt werden. Wird ein anderer Schaltzustand untersucht, ändern sich die Impedanzen zwischen den Knoten und die Berechnung muss mit dem angepassten Netzmodell ebenfalls wiederholt werden.

## 3.3 Netzberechnung mit Erzeugungsprofilen

Bei der Netzberechnung unter Berücksichtigung von Erzeugungsprofilen werden viele unterschiedliche *Einspeise- und Entnahmezustände* an unterschiedlichen Zeitpunkten untersucht. In diesem Zusammenhang steht Netzberechnung mit Erzeugungsprofilen für eine Reihe zeitlich geordneter Netzzustände, die jeweils alle durch eine Leistungsflussberechnung berechnet werden.

Als Grundlage sind für jeden zu untersuchenden Zeitpunkt Kenntnisse erforderlich, wie viel Leistung an jedem Knoten eingespeist oder entnommen wird. Dies wird erreicht, indem Erzeugungsprofile für unterschiedliche Anlagenarten berechnet werden. Für die Erstellung der Erzeugungsprofile sind die Schritte:

1. Beschaffung der Informationen über die Windgeschwindigkeit $v(t)$, über die solare Globalstrahlung $E(t)$ und die Umgebungstemperatur $T$.
2. Umrechnung der Wetterdaten in Leistungsdaten $P(t)$ durch entsprechende Kennlinien. Für unterschiedliche Klassen von Anlagen müssen unterschiedliche Werte $P(t)$ berechnet werden.

Unter einer Klasse sind alle Anlagen zu verstehen, deren zeitliches Verhalten identisch ist. Windkraftanlagen sind einer gemeinsamen Klasse zugehörig, wenn Sie die gleiche Nabenhöhe und Leistungskennlinie besitzen. Photovoltaikanlagen können in einer Klasse zusammengefasst werden, wenn sie die gleiche Ausrichtung besitzen. Oft ergeben sich innerhalb eines Netzes mehrere Klassen, die teilweise auch nur eine Anlage enthalten.

So stehen für jeden Zeitpunkt eines Jahres Werte der Leistung für jede Art von Erzeugungsanlagen zur Verfügung. Üblicherweise werden 1-, 5-,15- oder 60 min-Werte verwendet. Je höher die zeitliche Auflösung ist, umso mehr Zustände können berechnet werden und umso größer ist der Berechnungsaufwand. Welches Intervall zu verwenden ist, hängt vom Anwendungsfall und der jeweiligen Planungsaufgabe ab. Für eine Grundsatz- oder Netzausbauplanung sind in der Regel 15- oder 60 min-Werte ausreichend. Geringere

Zeitabstände sind dann erforderlich, wenn Kenntnisse über die Dynamik erforderlich sind, beispielsweise für die Planung einer Regelung.

Das Ziel dabei ist, unter allen realen Netzzuständen alle kritischen zu erfassen, die für die Planung eines Netzes von Bedeutung sind.

Zur Erinnerung: Auch die Lastentnahme hat Einfluss auf den Netzzustand und die Spannungsverhältnisse. Diese liegen nicht immer in gleicher Weise vor. Dabei kann sich die Berücksichtigung der Last auf verschiedene Weise auswirken.

- Die Last ist an jedem Punkt deutlich geringer als die Einspeisung: Eine Vernachlässigung der Last würde zu mehr Sicherheit in der Berechnung führen.
- Die Last ist deutlich höher als die Einspeisung: Die Einspeiseleistung entlastet die Betriebsmittel.
- Die Extrema der Last und der Einspeisung fallen zeitlich auseinander: Die Last muss berücksichtigt werden, wenn die thermische Belastung der Betriebsmittel bewertet werden soll.

In den folgenden Kapiteln und den Praxisbeispielen kommen diese Unterscheidungen zur Anwendung. Grundsätzlich kann jedoch keine pauschale Festlegung getroffen werden. Hier ist für jede Planungsaufgabe eine ingenieurmäßige Beurteilung erforderlich.

In Niederspannungsnetzen mit vielen Photovoltaikanlagen sind die angeschlossenen Leistungen oft deutlich größer als der Leistungsbedarf. Dies entspricht dem ersten Fall, bei dem die Last vernachlässigt werden darf.

Mit Mittelspannungsnetzen werden mehrere Ortsnetze versorgt. Dadurch findet eine Durchmischung der örtlichen Lastentnahmen statt. Hierfür können beispielsweise Lastprofile verwendet werden.

Unsicherheiten kann mit Sicherheitsfaktoren entgegengewirkt werden.

Das Ergebnis einer Netzberechnung mit Einspeiseprofilen sind zeitliche Profile über Ströme und Spannungen in den Leitungen und an den Knoten. Aus diesen Werten können Verlustleistung und -arbeit sowie weitere Größen bestimmt werden.

Die Netzberechnung mithilfe von Erzeugungsprofilen eignet sich für die Grundsatz-, die Netzausbau- und für die Projektplanung.

## 3.4 Anwendung der Monte-Carlo-Methode

Eine Alternative zur Berechnung von zeitlich geordneten Netzzuständen stellt die *Monte-Carlo-Methode* dar. Bei ihr handelt es sich um ein übergeordnetes stochastisches Verfahren, welches in der Netzplanung zunehmend an Bedeutung gewinnt. Auch in anderen technischen Bereichen kommt sie zur Anwendung.

Bei der Monte-Carlo-Methode werden zufällige Last- und Einspeisezustände generiert und anschließend berechnet. Zu den möglichen Leistungen an den einzelnen Knoten werden statistische Kenngrößen vorgegeben. Für jeden Netzzustand wird für jeden Knoten zufällig eine Leistung vorgegeben. Wahrscheinliche Leistungswerte werden dabei häufiger angenommen als unwahrscheinliche. So ergeben sich unterschiedliche Netzzustände mit unterschiedlichsten Leistungskombinationen. Netzzustände mit einer hohen Wahrscheinlichkeit werden häufiger berechnet als nicht reale Kombinationen. Bei einer entsprechend hohen Anzahl von Stichproben werden dadurch zuverlässige Ergebnisse erzielt. Das zeitliche Verhalten von Photovoltaik und Windkraftanlagen wird berücksichtigt, in dem für eingegrenzte Zeitintervalle Wahrscheinlichkeitsverteilungen für die eingespeiste Leistung verwendet werden. Für jeden zu berechnenden Netzzustand werden zunächst zufällige Einspeiseleistungen ermittelt und eine Leistungsflussberechnung durchgeführt.

Vorbereitend für die Anwendung des Monte-Carlos-Verfahrens werden analog zur Netzberechnung mit Erzeugungsprofilen folgende Schritte durchgeführt:

1. Beschaffung der Informationen über die Windgeschwindigkeit $v(t)$), über die solare Globalstrahlung $E(t)$ und die Umgebungstemperatur $\vartheta$.
2. Umrechnung der Wetterdaten in Leistungsdaten $P(t)$ durch entsprechende Kennlinien. Für unterschiedliche Anlagen müssen unterschiedliche Werte $P(t)$ berechnet werden.
3. Erzeugung zeitabhängiger Wahrscheinlichkeitsverteilungen für die Leistungswerte jeder Klasse von Erzeugungsanlagen.

Dann können beliebig viele Leistungsflussberechnungen durchgeführt werden. Dies Verfahren findet unter anderem Anwendung, um z. B. das stochastische Lastverhalten einzelner Anschlüsse zu simulieren. Jede durchgeführte Berechnung liefert Ergebnisse über Knotenspannungen und Betriebsmittelbelastungen. Im Vergleich zu zeitlich geordneten Netzzuständen bietet die Monte-Carlo-Methode den Vorteil einer relativ hohen Aussagekraft bei vergleichsweise geringem Berechnungsaufwand. Sie eignet sich besonders gut dann, wenn die thermische zeitliche Belastung weniger von Interesse ist.

Doch auch andere Parameter können mithilfe der Monte-Carlo-Methode variiert werden, z. B. Anlagengrößen und -verteilungen oder Netzparameter wie Leitungslänge, Anzahl der Abgänge oder ähnliches.

Daher eignet sich die Monte-Carlo-Methode besonders für Ausbauplanungen, wenn der Ausbau für möglichst viele Entwicklungsszenarien optimal gestaltet werden soll. In der Grundsatzplanung kann sie eingesetzt werden, um Standards festzulegen. Dabei können z. B. die Parameter Leitungslänge und Anzahl der Entnahmestellen variiert werden, um das Verhältnis zu erfassen, bei dem der Einsatz eines regelbaren Ortsnetztransformators die optimale Lösung ist.

## 3.5 Zusammenfassung zur Netzberechnung

Netzberechnung beinhaltet unterschiedlichste Werkzeuge, die zur Planung von elektrischen Netzen eingesetzt werden können. Die Kernelemente sind die Leistungsfluss- und die Kurzschlussstromberechnung. Auch bei anderen Formen der Netzberechnung erfolgen im Hintergrund Berechnungen von Spannungen und Strömen.

Durch übergeordnete Verfahren können automatisch mehrere Berechnungen durchgeführt werden, beispielsweise für Variantenvergleiche oder Optimierungsaufgaben.

Die Netzberechnung ist ein wesentlicher Bestandteil der Netzplanung, der zunehmend an Bedeutung gewinnt und sich immer weiter entwickelt. Das Ergebnis hängt vom Netzmodell ab und von den Annahmen, die zur Leistung und Last getroffen werden.

## Literatur

1. Schlabbach J, Metz D (2005) Netzsystemtechnik, VDE, Berlin Offenbach
2. Schufft W (2007) Taschenbuch der Elektrischen Energietechnik, Fachbuchverlag Carl Hanser, Leipzig
3. Schlabbach J (2003), Kurzschlussstromberechnung, VDE, Berlin
4. Werth (2014), Investitionsstrategien für Mittelspannungskabel – Zuverlässigkeit und Wirtschaftlichkeit von Investitionen und Netzautomatisierung, Springer Vieweg, Wiesbaden
5. Heuck K, Dettmann K-D (2005), Elektrische Energieversorgung, Vieweg, Wiesbaden

# Photovoltaikanlagen 4

## 4.1 Aufbau von Photovoltaikanlagen

Der Aufbau einer Photovoltaikanlage ist in Abb. 4.1 schematisch dargestellt.

Bei dem Aufbau einer Photovoltaikanlage werden mehrere Einzelmodule mit Nennleistungen im Bereich zwischen 250 und 300 W in Reihe zu einem Strang verschaltet. Für einen DC-Eingang eines Wechselrichters können mehrere Stränge parallel angeschlossen werden. Die Anzahl der Module im jeweiligen Strang und der Eingangsspannungsbereich des Wechselrichters werden aufeinander abgestimmt.

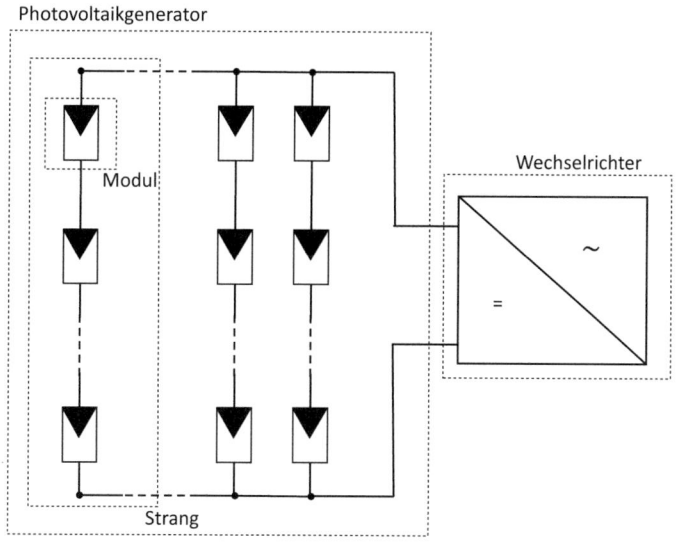

**Abb. 4.1** Aufbau einer Photovoltaikanlage

Die Leerlaufspannung eines einzelnen Moduls beträgt in der Regel zwischen 35 und 40 V. Die Anzahl der parallelgeschalteten Stränge je Wechselrichter und die Leistung des Wechselrichters werden aufeinander abgestimmt. Ein Wechselrichter kann mehrere DC-Eingänge besitzen. Für jeden DC-Eingang stellt der Wechselrichter durch MPP-Tracking den optimalen Arbeitspunkt ein, an dem die maximale Leistung abgegeben und ins Netz eingespeist werden kann. Dafür existieren verschiedene Verfahren, da sich der optimale Arbeitspunkt mit der Einstrahlung und der Temperatur witterungsbedingt fortwährend ändert. Der Wechselrichter erzeugt durch Leistungselektronik aus der an seinem Eingang anliegenden Gleichspannung an seinen Ausgang eine netzsynchrone Wechselspannung. Dabei wird die Ausgangsspannung soweit angehoben, dass die erzeugte Leistung an das Netz abgegeben werden kann.

## 4.2 Einflussfaktoren Einstrahlung und Temperatur

Die aktuell verfügbare Leistung eines Photovoltaikgenerators variiert im Tagesverlauf mit der sich ändernden Einstrahlung und der sich ändernden Temperatur. Das elektrische Verhalten eines Photovoltaikmoduls wird in den Angaben der Hersteller durch die Größen:

- Leerlaufspannung $U_\text{oc}$ (**o**pen **c**ircuit),
- MPP-Spannung $U_\text{MPP}$,
- Kurzschlussstrom $I_\text{sc}$ (**s**hort **c**ircuit),
- MPP-Strom $I_\text{MPP}$,
- Die Spitzenleistung $P_\text{P}$ (**P**ea**k**).

beschrieben. Dabei steht *MPP* für die Größe im Arbeitspunkt mit der maximalen Leistung (engl. **M**aximum **P**ower **P**oint). Die Angaben gelten für die allgemeinen Standardtestbedingungen, auch STC für engl. ***S**tandard **T**est **C**onditions*. Die elektrischen Werte gelten dabei für die Standardeinstrahlung

$$E_\text{STC} = 1000 \, \frac{\text{W}}{\text{m}^2}, \tag{4.1}$$

die Standard-Modul-Temperatur

$$T_\text{STC} = 25\,°\text{C} \tag{4.2}$$

und das definierte Sonnenspektrum

$$\text{AM} = 1{,}5. \tag{4.3}$$

## 4.2 Einflussfaktoren Einstrahlung und Temperatur

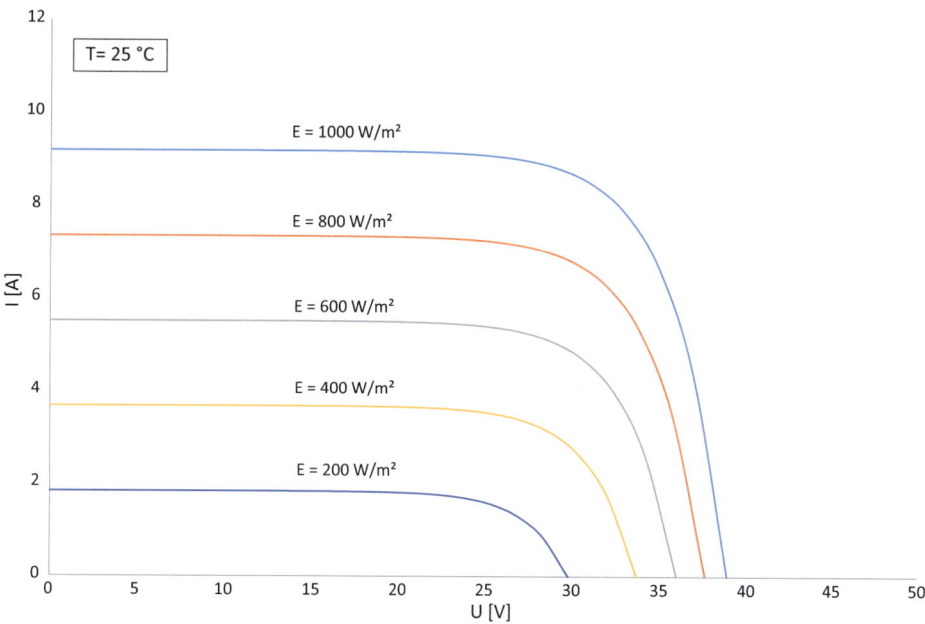

**Abb. 4.2** *I-U*-Kennlinie eines Photovoltaikmoduls für verschiedene Einstrahlungen

Für den optimalen Arbeitspunkt MPP können für Strom und Spannung die Annahmen

$$I_{\text{MPP}} \approx 0{,}9 \cdot I_{\text{SC}} \tag{4.4}$$

und

$$U_{\text{MPP}} \approx 0{,}8 \cdot U_{\text{oc}}. \tag{4.5}$$

getroffen werden.

In Abb. 4.2 ist die Strom-Spannungs-Kennlinie für verschiedene Einstrahlungswerte dargestellt.

Der höchste Strom, der Kurzschlussstrom $I_{\text{sc}}$ fließt bei 0 V Spannung an den Ausgängen des Moduls und verhält sich proportional zur Einstrahlung. Für eine konstante Modultemperatur gilt:

$$I_{\text{sc}}(E) = I_{\text{SC}} \cdot \frac{E}{E_{\text{STC}}}. \tag{4.6}$$

In gleicher Weise gilt

$$I_{\text{MPP}}(E) = I_{\text{MPP0}} \cdot \frac{E}{E_{\text{STC}}} \tag{4.7}$$

für den MPP-Strom.

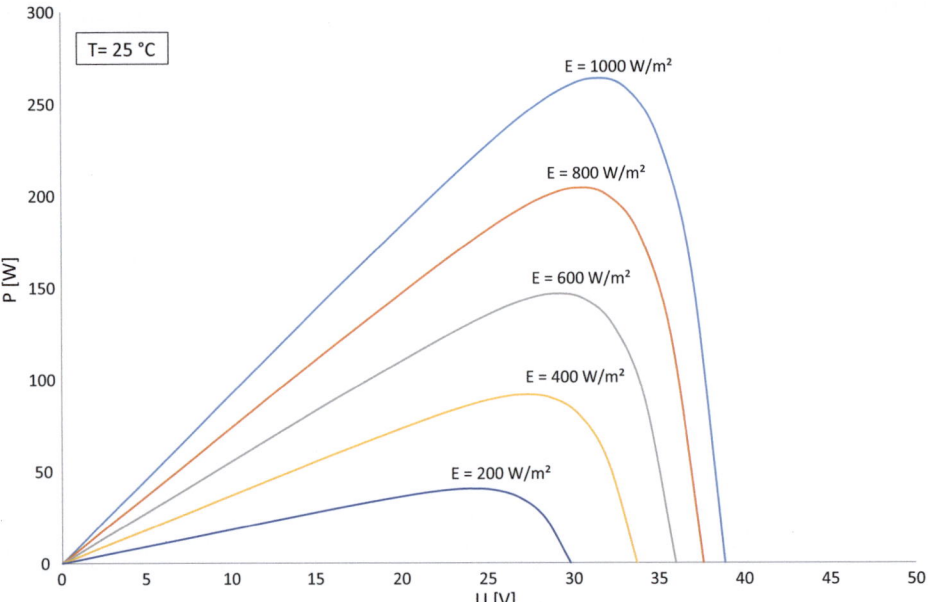

**Abb. 4.3** *P-U*-Kennlinie eines Photovoltaikmoduls für verschiedene Einstrahlungen

Die maximale Spannung, die Leerlaufspannung, ändert sich in Abhängigkeit der Einstrahlung

$$U_{oc}(E) = U_{oc0} \cdot \frac{\ln(E)}{\ln(E_{stc})} \qquad (4.8)$$

im Verhältnis der Logarithmen. Analog kann mit

$$U_{MPP}(E) = U_{MPP0} \cdot \frac{\ln(E)}{\ln(E_{stc})} \qquad (4.9)$$

die MPP-Spannung in Abhängigkeit der Einstrahlung bestimmt werden.

▶ **Merke** Die durch den Hersteller angegebene Peakleistung eines Photovoltaikmoduls gilt nur unter idealen Bedingungen und bei definierten Werten der Einstrahlung und der Modultemperatur.

In Abb. 4.3 ist die Leistung in Abhängigkeit der Spannung für verschiedene Einstrahlungswerte dargestellt. Für die Leistung, die ein Photovoltaikmodul abgibt, gilt allgemein:

$$P = U \cdot I. \qquad (4.10)$$

Mit Gln. 4.7 und 4.9 gilt für eine konstante Temperatur:

$$P(E) = P_{STC} \cdot \frac{E}{E_{STC}} \cdot \frac{\ln(E)}{\ln(E_{STC})}. \qquad (4.11)$$

## 4.2 Einflussfaktoren Einstrahlung und Temperatur

Im oberen Bereich verschiedener Einstrahlungen verhält sich die Leistung näherungsweise proportional zur Einstrahlung.

Wie zu Beginn beschrieben, ist die Leistung eines Photovoltaikmoduls neben der Einstrahlung auch von der Modultemperatur abhängig. Mit steigender Temperatur sinkt die Leerlaufspannung eines Moduls. Um den Einfluss der Temperatur auf das elektrische Verhalten eines Photovoltaikmoduls zu charakterisieren, werden vom Hersteller die Größen:

- Temperaturkoeffizient für die Spannung $\alpha_U$ und
- Temperaturkoeffizient für den Strom $\alpha_I$

angegeben.

Je nach Modul betragen die Temperaturkoeffizienten für die Spannung

$$\alpha_U \approx -0{,}3 \frac{\%}{\text{K}} \tag{4.12}$$

und den Strom

$$\alpha_I \approx 0{,}04 \frac{\%}{\text{K}}. \tag{4.13}$$

Wie in Abb. 4.4 zu sehen ist, wird die Leerlaufspannung mit zunehmender Temperatur kleiner, während der Strom mit zunehmender Temperatur größer wird. Dabei können bei niedrigen Temperaturen die Leerlaufspannung und die MPP-Spannung größere Werte annehmen als unter STC-Bedingungen. Wie aus Gln. 4.10 und 4.11 ersichtlich ist, gilt:

$$|\alpha_U| \gg |\alpha_I|, \tag{4.14}$$

die maximale Leistung eines Photovoltaikmoduls sinkt mit der Modultemperatur.

▶ **Merke** Eine Erhöhung der Modultemperatur wirkt sich leistungsmindernd aus.

In Abb. 4.5 ist die Temperaturabhängigkeit eines Photovoltaikmoduls grafisch dargestellt.

Über die Zusammenhänge

$$U_{\text{oc}}(T) = U_{\text{oc0}} \cdot (1 + \alpha_U (T - T_{\text{STC}})) \tag{4.15}$$

für die Leerlaufspannung und

$$U_{\text{MPP}}(T) = U_{\text{MPP0}} \cdot (1 + \alpha_U (T - T_{\text{STC}})) \tag{4.16}$$

für die MPP-Spannung und auch

$$I_{\text{sc}}(T) = I_{\text{sc0}} \cdot (1 + \alpha_I (T - T_{\text{STC}})) \tag{4.17}$$

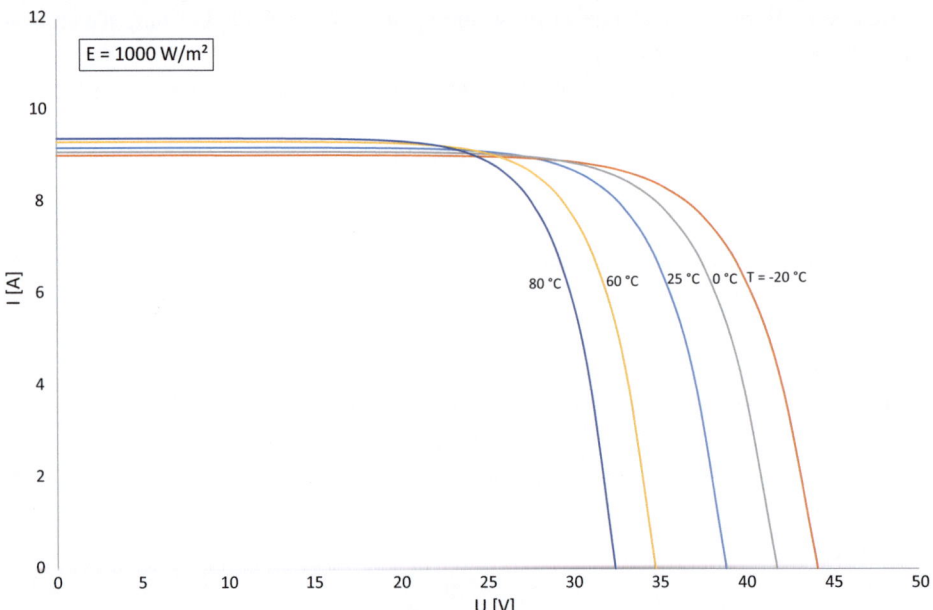

**Abb. 4.4** *I-U*-Kennlinie eines Photovoltaikmoduls für verschiedene Temperaturen

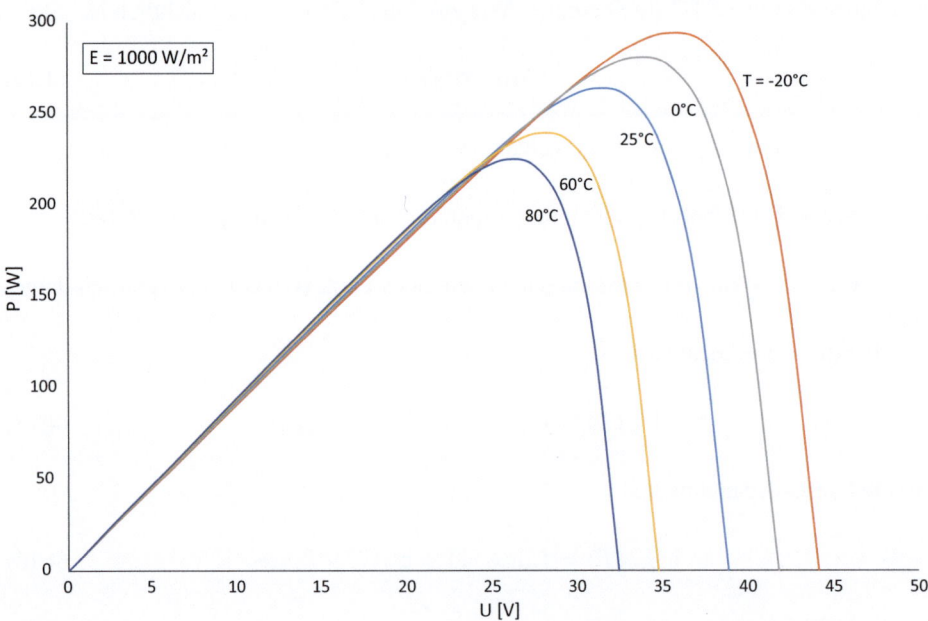

**Abb. 4.5** *P-U*-Kennlinie eines Photovoltaikmoduls für verschiedene Modultemperaturen

## 4.2 Einflussfaktoren Einstrahlung und Temperatur

für den Kurzschlussstrom und

$$I_{\text{MPP}}(T) = I_{\text{MPP0}} \cdot (1 + \alpha_I (T - T_{\text{STC}})) \tag{4.18}$$

für den MPP-Strom können die elektrischen Parameter eines Photovoltaikmoduls in Abhängigkeit der Temperatur bestimmt werden.

Mit den Beziehungen Gln. 4.11, 4.16 und 4.18 folgt für maximale Leistung in Abhängigkeit der Temperatur:

$$P_{\text{MPP}}(E, T) = U_{\text{MPP}}(E, T) \cdot I_{\text{MPP}}(E, T) \tag{4.19}$$

mit

$$U_{\text{MPP}}(E, T) = U_{\text{MPP0}} \cdot \frac{\ln(E)}{\ln(E_{\text{STC}})} \cdot (1 + \alpha_U (T - T_{\text{STC}})) \tag{4.20}$$

und

$$I_{\text{MPP}}(E, T) = I_{\text{MPP0}} \cdot \frac{E}{E_{\text{STC}}} (1 + \alpha_I (T - T_{\text{STC}})). \tag{4.21}$$

### 4.2.1 Beispiel zur Berechnung der Modulleistung

**Beispiel**

Laut den Angaben eines Herstellers besitzt ein Photovoltaikmodul unter STC-Bedingungen die Eigenschaften:

$$U_{\text{MPP}} = 28{,}3\,\text{V} \tag{4.22}$$

und

$$I_{\text{MPP}} = 7{,}12\,\text{A}. \tag{4.23}$$

Es soll berechnet werden:

a. die MPP-Leistung unter STC-Bedingungen,
b. die MPP-Leistung bei einer Einstrahlung von 600 W/m² und einer Modultemperatur von 10 °C,
c. die MPP-Leistung bei einer Einstrahlung von 900 W/m² und einer Modultemperatur von 60 °C.

**Lösung zu a:**

$$P_{\text{MPP}} = U_{\text{MPP}} \cdot I_{\text{MPP}} = 28{,}3\,\text{V} \cdot 7{,}12\,\text{A} = 201{,}5\,\text{W}$$

**Lösung zu b:** Mit den Werten für die Einstrahlung und die Temperatur unter Verwendung von Gl. 4.20 beträgt die MPP-Spannung:

$$\begin{aligned} U_{\text{MPP}}(E = 600, T = 10) &= 28{,}3\,\text{V} \cdot \frac{\ln(600)}{\ln(1000)} \cdot (1 - 0{,}3\,\%(10 - 25)) \\ &= 27{,}39\,\text{V}. \end{aligned} \tag{4.24}$$

Mit Gl. 4.21 folgt:

$$I_{\text{MPP}}(E = 600, T = 10) = 7{,}12\,\text{A} \cdot \frac{600\,\frac{\text{W}}{\text{m}^2}}{1000\,\frac{\text{W}}{\text{m}^2}}(1 + 0{,}04\,\%(10 - 25)) = 4{,}25\,\text{A} \quad (4.25)$$

und die MPP-Leistung

$$P_{\text{MPP}}(E = 600, T = 10) = 27{,}39\,\text{V} \cdot 4{,}25\,\text{A} = 116{,}41\,\text{W}. \quad (4.26)$$

**Lösung zu c:** Mit Gln. 4.19, 4.20, und 4.21 folgt:

$$P_{\text{MPP}}(E, T) = P_{\text{MPP0}} \cdot \frac{E \cdot \ln(E)}{E_{\text{STC}} \cdot \ln(E_{\text{STC}})} \qquad (4.27)$$
$$\cdot (1 + \alpha_U(T - T_{\text{STC}})) \cdot (1 + \alpha_I \cdot (T - T_{\text{STC}}))$$

$$P_{\text{MPP}}(E = 900, T = 60) = 201{,}5 \quad \text{W} \quad \frac{900\,\frac{\text{W}}{\text{m}^2} \cdot \ln(900)}{1000\,\frac{\text{W}}{\text{m}^2} \cdot \ln(1000)} \cdot (1 - 0{,}3\,\% \cdot (60 - 25))$$
$$\cdot (1 + 0{,}04\,\%(60 - 25)) = 162{,}1 \cdot \text{W}$$
$$(4.28)$$

▶ **Merke** Die Leistung eines Photovoltaikmoduls ist abhängig von der Einstrahlung und der Modultemperatur, der Einfluss der Einstrahlung ist jedoch dominierend.

## 4.3 Genäherte Bestimmung der Modultemperatur

In den bisherigen Beispielen wurden für die Modultemperatur beliebige Werte angenommen. Die tatsächliche Modultemperatur hängt ab von der Umgebungstemperatur und von der Einstrahlung. In den Angaben der Hersteller kann die Angabe

- die normale Zellen-Betriebstemperatur *NOCT* (**N**ormal **o**perating **c**ell **t**emperature)

entnommen werden. Diese Temperatur wird ermittelt unter den Bedingungen der definierten Einstrahlungsstärke

$$E_{\text{NOCT}} = 800\,\text{W/m}^2, \qquad (4.29)$$

der Umgebungstemperatur

$$T_{\text{NOCT}} = 20\,°\text{C} \qquad (4.30)$$

und der Windgeschwindigkeit

$$v = 1\,\text{m/s}. \qquad (4.31)$$

## 4.3 Genäherte Bestimmung der Modultemperatur

Ist die Angabe nicht bekannt, kann ein üblicher Wert

$$\text{NOCT}_{\text{Typ}} = 46\,°\text{C} \qquad (4.32)$$

angenommen werden [1].

Nach [2, 3] kann für beliebige Umgebungstemperaturen und Einstrahlungen die Modultemperatur *näherungsweise* bestimmt werden. Es gilt:

$$T_m = T_{\text{amb}} + (\text{NOCT} - 20\,°\text{C}) \cdot \frac{E}{E_{\text{NOCT}}}. \qquad (4.33)$$

▶ **Merke** Die Einstrahlung führt zu einer Temperaturerhöhung eines Photovoltaikmoduls.

### 4.3.1 Beispiel zur Berechnung der Modultemperatur und -leistung

**Beispiel**

Für eine Photovoltaikanlage soll die relative Leistung bestimmt werden für:

a. eine Einstrahlung von 500 W/m² und eine Umgebungstemperatur von 0 °C,
b. eine Einstrahlung von 500 W/m² und eine Umgebungstemperatur von 25 °C.

Es gelten die üblichen Werte aus Gln. 4.12, 4.13 und 4.32.

**Lösung zu a:** Zunächst erfolgt die Berechnung der Modultemperatur:
Mit den angegeben Werten für die Einstrahlung und für die Umgebungstemperatur folgt unter Anwendung von Gl. 4.33

$$T_m = 0\,°\text{C} + (46\,°\text{C} - 20\,°\text{C}) \cdot \frac{500\,\frac{\text{W}}{\text{m}^2}}{800\,\frac{\text{W}}{\text{m}^2}} = 16{,}25\,°\text{C}. \qquad (4.34)$$

Zur Berechnung der relativen Leistung wird für die STC-MPP-Leistung

$$P_{\text{MPP0}} = 1 \qquad (4.35)$$

definiert.

Unter Verwendung von Gl. 4.27 folgt

$$P_{\text{MPP}}(E = 500, T = 16{,}25) = \frac{500}{1000} \cdot \frac{\ln(500)}{\ln(1000)} \cdot (1 - 0{,}3\,\% \cdot (0 - 25)) \qquad (4.36)$$
$$\cdot (1 + 0{,}04\,\% \cdot (0 - 25)) = 0{,}46$$

für die relative Leistung.

Analog zu Gl. 4.34 folgt für die Modultemperatur:

$$T_m = 25\,°\text{C} + (46\,°\text{C} - 20\,°\text{C}) \cdot \frac{500\,\frac{\text{W}}{\text{m}^2}}{800\,\frac{\text{W}}{\text{m}^2}} = 41{,}25\,°\text{C}. \qquad (4.37)$$

Für die relative Leistung folgt analog zu Gl. 4.36:

$$P_{\text{MPP}}(E = 500, T = 41{,}25) = \frac{500}{1000} \cdot \frac{\ln(500)}{\ln(1000)} \cdot (1 - 0{,}3\,\% \cdot (41{,}25 - 25)) \qquad (4.38)$$
$$\cdot (1 + 0{,}04\,\% \cdot (41{,}25 - 25)) = 0{,}43.$$

## 4.4 Dargebot solarer Einstrahlung

Wie in Abschn. 4.2 beschrieben wurde, ist die Einstrahlung der bestimmende Parameter für die Leistung einer Photovoltaikanlage. Für die Netzplanung unter Berücksichtigung von Erzeugungsprofilen sind also Kenntnisse über die Häufigkeit von Einstrahlungswerten und die zeitlichen Verläufe der Einstrahlung erforderlich.

Für die Berechnung der Modulleistung ist die Globalstrahlung von Bedeutung. Die Globalstrahlung setzt sich aus der direkten und der diffusen Einstrahlung zusammen.

Die *direkte Einstrahlung* ist der Strahlungsanteil, der direkt aus der Richtung der Sonne senkrecht auf das Modul trifft. Der direkte Strahlungsanteil ändert sich zwischen Sonnenauf- und Sonnenuntergang durch den Verlauf über den Tag. Dieser Tagesverlauf ändert sich innerhalb des Jahres zusätzlich in seiner Höhe. Im Sommer sind die Tage lang, die Sonne steht relativ hoch und es stehen mehr Stunden mit hoher Einstrahlung zur Verfügung. In [4] und [1] werden Methoden zur Berechnung des Einfallswinkels der Sonnenstrahlung näher beschrieben. Im Winter verläuft die Sonne auf einer flacheren Bahn über den Horizont und die Tage sind kürzer als im Sommer. Die Häufigkeit und die Wahrscheinlichkeit hoher Einstrahlungsleistung sind geringer als im Sommer.

Die *diffuse Einstrahlung* ist der Anteil der Globalstrahlung, der keine Richtung besitzt. In Deutschland liegt der Anteil der Diffusstrahlung an der Globalstrahlung im Mittel bei 50 %.

In Abb. 4.6 ist die Häufigkeitsverteilung für die globale Einstrahlung auf eine nach Süden ausgerichtete und um 35° geneigte Fläche für ein Jahr in Freiburg dargestellt [5]. Über 92 % der Zeit war die Einstrahlung kleiner als 700 W/m², obwohl die gewählte Neigung

## 4.4 Dargebot solarer Einstrahlung

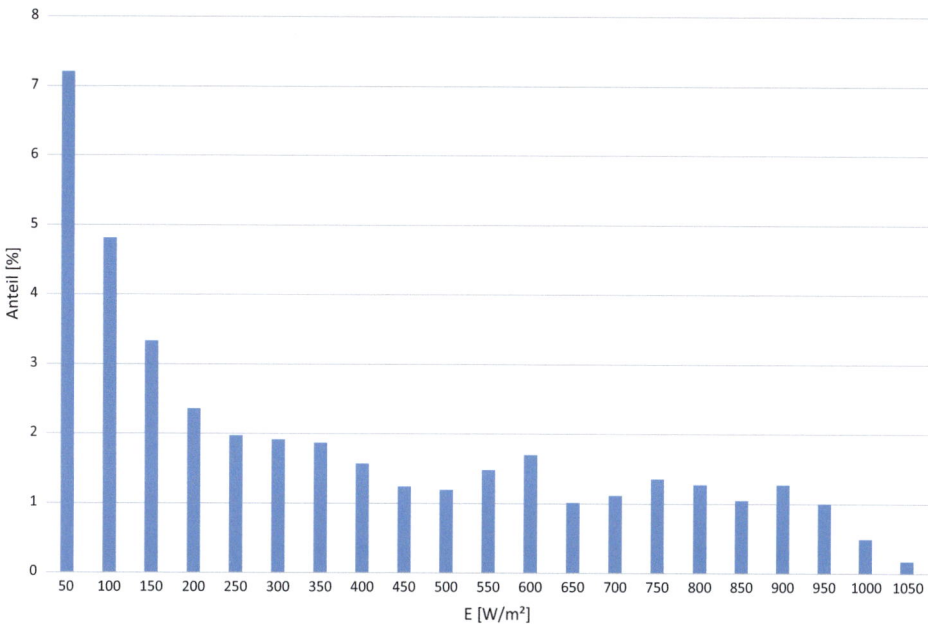

**Abb. 4.6** Häufigkeitsverteilung der Einstrahlung auf eine nach Süden ausgerichtete Fläche

und Ausrichtung optimale Bedingungen bieten. Dabei zählt Freiburg im Breisgau zu den sonnenreicheren Städten in Deutschland.

▶ **Merke** Eine Leistung > 70 % der STC-Leistung eines Photovoltaikmoduls tritt mit einer Wahrscheinlichkeit < 10 % auf.

Das Angebot an Einstrahlung ist innerhalb Deutschlands durch die *regionalen Ausprägungen* des Wetters unterschiedlich. Darüber hinaus variieren die zeitlichen Verläufe der Einstrahlung. Bewölkung kann die auf eine Photovoltaikanlage auftreffende Globalstrahlung deutlich reduzieren. Zusätzlich beeinflussen lokale Gegebenheiten die Umgebungstemperaturen.

Zum Vergleich werden in Abb. 4.7 die Häufigkeitsverteilungen der Einstrahlung nach Süden ausgerichteter und um 35° geneigter Photovoltaikmodule für Orte im Süden, in der Mitte und im Norden Deutschlands dargestellt.

▶ **Merke** Die Wahrscheinlichkeit von Einstrahlungswerten ist regional verschieden.

Neben der Größe der Einstrahlung ist auch der Winkel zwischen der Einstrahlung und eines Photovoltaikmoduls ausschlaggebend für die Leistung. Das Maximum möglicher Leistung tritt bei senkrechtem Winkel zwischen Modul und Einstrahlung auf. Dabei kann

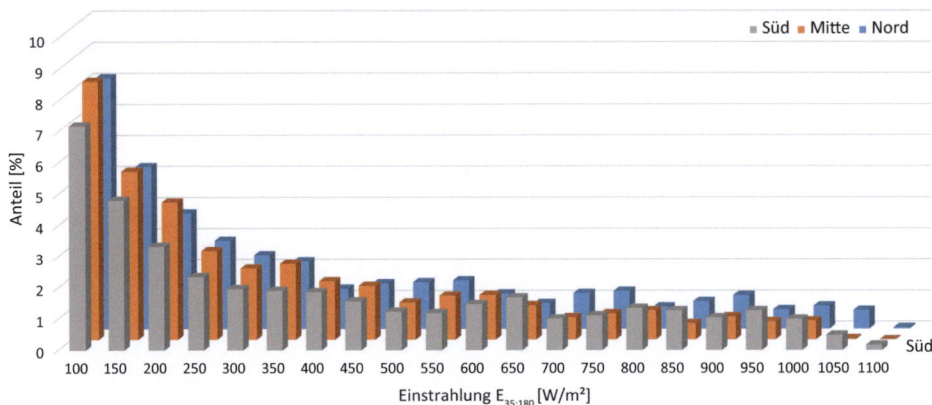

**Abb. 4.7** Häufigkeitsverteilungen der Globalstrahlung für verschiedene Standorte in Deutschland

ein Modul um den *Höhenwinkel* gegenüber der Horizontalen geneigt werden und um einen *Azimut* gegenüber der Nordachse gedreht werden. Durch die typischen Dachformen liegt der Höhenwinkel häufig in Bereichen zwischen 30 und 40°. Verschieden ausgerichtete Photovoltaikmodule erreichen zu unterschiedlichen Zeitpunkten ihr Maximum, welches unterschiedlich hoch ist. Da nicht alle Dachanlagen in die gleiche Richtung zeigen, verlaufen Ihre Leistungen zeitlich versetzt. In Deutschland sind nach Süden ausgerichtete und im Bereich um 35° geneigte Photovoltaikanlagen am ertragsreichsten, da dort die Wahrscheinlichkeit aus oben genannten Gründen am höchsten ist.

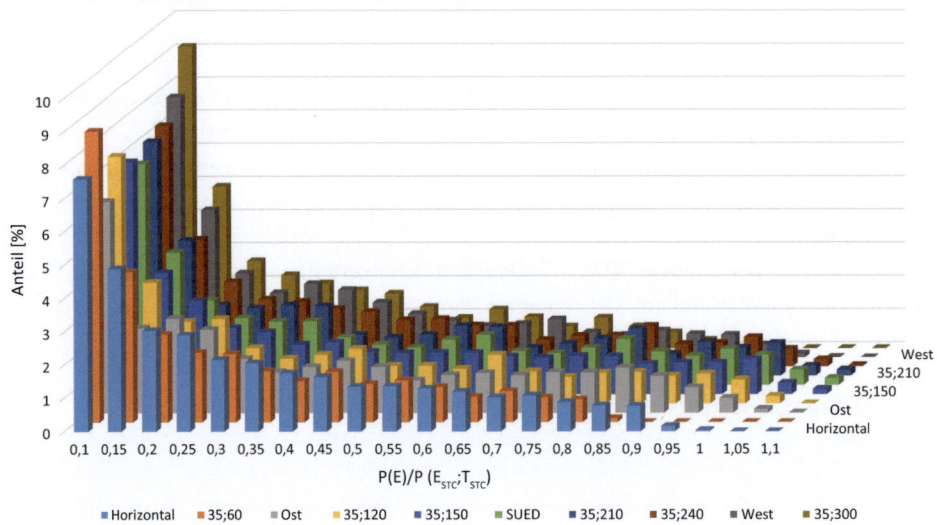

**Abb. 4.8** Häufigkeitsverteilung der Modulleistung für verschiedene Ausrichtungen in Freiburg

In Abb. 4.8 sind die Häufigkeitsverteilungen für die relative Leistung unterschiedlich ausgerichteter Photovoltaikmodule dargestellt.

Anlagen, die südlicher ausgerichtet sind, haben höhere Anteile an hohen Werten für die relative Leistung der Photovoltaikmodule als Anlagen, die weiter in Richtung Osten oder Westen ausgerichtet sind.

▶ **Merke** Die Wahrscheinlichkeit für die mögliche Leistung eines Photovoltaikmoduls wird durch dessen Aufstellung und Ausrichtung beeinflusst.

Für alle Photovoltaikanlagen gilt gleichermaßen, dass Sie für die meiste Zeit nur Leistung im unteren und im mittleren Bereich anbieten können.

## 4.5 Weitere Einflussgrößen auf die Leistung von Photovoltaikanlagen

In den bisherigen Betrachtungen wurde immer von der idealen Bedingung ausgegangen, dass die zur Verfügung stehende Strahlungsleistung optimal vom Photovoltaikmodul in elektrische Leistung umgewandelt werden kann. Im Folgenden werden weitere Effekte beschrieben, die die Leistung einer Photovoltaikanlage beeinträchtigen können. Diese Effekte sind anlagenindividuell verschieden und ihre Berücksichtigung für die Netzplanung führt zu einem nicht vertretbaren Aufwand. Sie werden trotzdem an dieser Stelle kurz erläutert. Der Fehler, den die Vernachlässigung mit sich bringt, ist eine höhere angenommene Leistung und das wirkt sich zugunsten einer höheren Sicherheit aus.

*Verschattungen* können die Leistung einer Photovoltaikanlage massiv reduzieren. Ursache einer Verschattung sind Hindernisse wie Bäume oder Gebäude. Ist ein Modul verschattet und erfährt es dadurch keine Sonneneinstrahlung, kann es keine elektrische Leistung abgeben. Auch einzelne Zellen eines Moduls können abgeschattet werden, und das Modul dadurch nur noch einen begrenzten Anteil seiner Leistung abgeben. Da innerhalb einer Reihenschaltung von Modulen überall der gleiche Strom fließt, können auch nicht verschattete Module beeinträchtigt werden. Deshalb werden viele Photovoltaikgeneratoren mit parallelen Bypassdioden ausgestattet. Diese ermöglichen einen Stromfluss parallel zum (teil)verschatteten Modul. Die Leistungsminderung ist dann zwar geringer als ohne den Einsatz von Bypassdioden aber immer noch überproportional.

Sogenanntes *Mismatching* führt ebenfalls zu einer Reduzierung der Leistung. Jedes Photovoltaikmodul unterliegt naturgemäß herstellerseitigen Toleranzen. Diese führen zu unterschiedlichen Strom-Spannungs-Kennlinien. Innerhalb eines Strings werden die anderen Module durch das schwächste in ihrer Leistung begrenzt, so dass gilt:

$$P_{max} < \sum_{i}^{n} P_{STCi}. \tag{4.39}$$

Durch die richtige Auswahl der Module für jeden Strang können Mismatchverluste reduziert werden.

*Staubbelag* kann die Leistung einer Anlage reduzieren. Dabei werden die Module durch Regen teilweise wieder vom Staub befreit. Anlagen, die nicht gereinigt werden, können durch Staub mehr als 10 % weniger Energie ausbeuten als regelmäßig gereinigte.

Wie in Abschn. 4.2 gezeigt, ist der Maximum-Power-Point abhängig von Temperatur und Einstrahlung und zeitlich nicht konstant. Der Wechselrichter versucht durch das sogenannte *MPP-Tracking* (von englisch Tracking: verfolgen) immer den optimalen Arbeitspunkt zu finden, bei dem das Maximum an Leistung an das Netz abgegeben werden kann. Durch die Suche kann er immer wieder auch den optimalen Arbeitspunkt verlassen. Es kommt zu sogenannten *Trackingverlusten*.

## 4.6 Zeitreihen für Photovolatikanlagen unterschiedlicher Ausrichtung

Soll unter Beachtung des zeitlichen Verhaltens von Erzeugungsanlagen eine Netzplanung durchgeführt werden, so sind als Grundlage Zeitreihen für die Leistung zu erstellen.

Dabei empfiehlt es sich, dies für jede Region für verschiedene Ausrichtungen durchzuführen. So kann bei der Netzplanung der Effekt durch die unterschiedlichen Ausrichtungen genutzt werden.

Das Generieren der Zeitreihen erfolgt dabei in den Schritten:

1. Beschaffung der Werte von einem oder mehreren Jahren für Einstrahlung für unterschiedliche Ausrichtungen,
2. Beschaffung der Werte der Umgebungstemperatur,
3. Bestimmung der Modultemperatur für jede Ausrichtung mit den Werten der Einstrahlung und der Umgebungstemperatur,
4. Berechnung der relativen Leistung für jede Ausrichtung mit den Werten aus Einstrahlung und Modultemperatur.

Da sich die Berücksichtigung der Modultemperatur verringernd auf die Leistung auswirkt, kann diese auch vernachlässigt, so das Verfahren vereinfacht und die Modulleistung mit der Einstrahlung berechnet werden. Der Schritt 3 wird nicht durchgeführt und für Schritt 4 die STC-Temperatur angenommen.

Für Einstrahlungswerte existieren verschiedene Quellen. Eine mögliche Datenquelle ist das Internetportal Satel-Light. Dort können Werte für Sonnenlicht und solare Einstrahlung bezogen werden. Diese Daten werden kostenfrei zur Verfügung gestellt. Sie basieren auf Satellitenaufnahmen. Dabei kann ausgewählt werden zwischen globaler, direkter oder diffuser Einstrahlung. Viele Statistiken zur Solarstrahlung dienen der Ermittlung des Energieertrags und beziehen sich auf Mittelwerte der täglichen Einstrahlung. Der Vorteil von Satel-Light ist, dass auch Zeitreihen der Globalstrahlung bezogen werden können, die für das Erstellen von Erzeugungsprofilen sehr hilfreich sind. Für unterschiedliche Ausrichtungen müssen mehrere Datenreihen abgerufen werden.

Werte für die Umgebungstemperatur können als Zeitreihen von Wetterdiensten bezogen werden. Registrierte Nutzer können beim Service WESTE des Deutschen Wetterdienstes DWD verschiedene Klimadaten beziehen, unter anderem auch Werte für die Umgebungstemperatur.

Die Berechnung der Modultemperatur und der Modulleistung erfolgt nach Gln. 4.33 und 4.36.

## 4.7 Zusammenwirken unterschiedlich ausgerichteter Photovoltaikanlagen

Abb. 4.9 zeigt die maximale relative Leistung für unterschiedlich ausgerichtete Photovoltaikmodule in Abhängigkeit der Tageszeit und wurde für einen Ort in der Mitte von Deutschland nach dem Verfahren in Abschn. 4.6 berechnet und ausgewertet. Dabei erreichen zuerst die Module mit einem geringen Azimut ihr Leistungsmaximum, die Anlagen mit höherem Azimut erreichen ihr Leistungsmaximum später. Anlagen, deren Azimut gering von 180° abweichen, erreichen höhere Werte für hohe Leistungen, die auch für einen längeren Zeitraum anstehen.

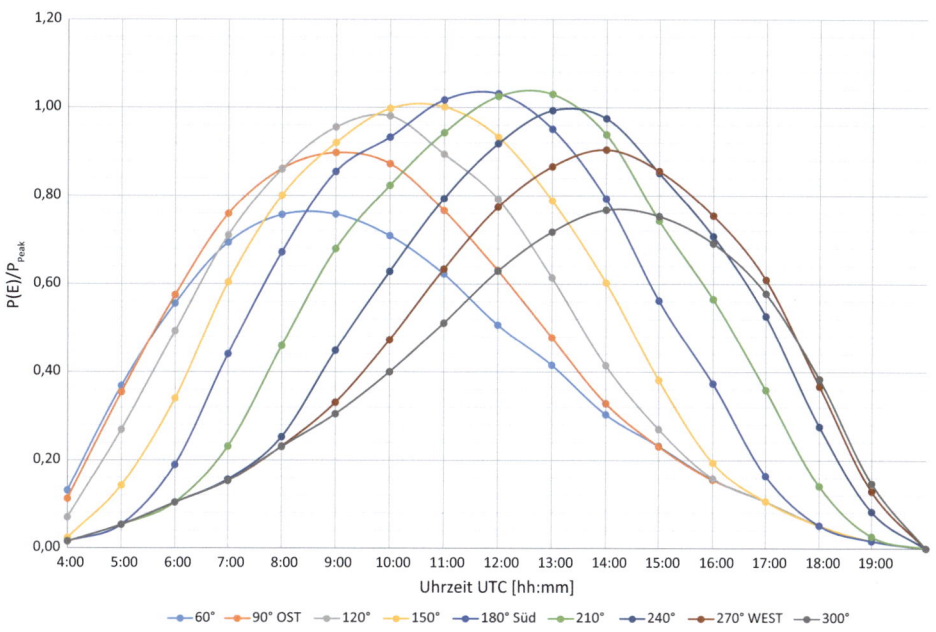

**Abb. 4.9** Leistungsverläufe für Photovoltaikanlagen unterschiedlicher Ausrichtung

**Tab. 4.1** Relative Leistung von Photovoltaikanlagen unterschiedlicher Ausrichtung

| Uhrzeit [UTC] | 90° OST | 180° Süd | 270° West |
|---|---|---|---|
| 4:00 | 0,11 | 0,02 | 0,02 |
| 5:00 | 0,35 | 0,05 | 0,05 |
| 6:00 | 0,57 | 0,19 | 0,10 |
| 7:00 | 0,76 | 0,44 | 0,15 |
| 8:00 | 0,86 | 0,67 | 0,23 |
| 9:00 | 0,90 | 0,85 | 0,33 |
| 10:00 | 0,87 | 0,93 | 0,47 |
| 11:00 | 0,77 | 1,02 | 0,63 |
| 12:00 | 0,63 | 1,03 | 0,77 |
| 13:00 | 0,48 | 0,95 | 0,87 |
| 14:00 | 0,33 | 0,79 | 0,90 |
| 15:00 | 0,23 | 0,56 | 0,86 |
| 16:00 | 0,16 | 0,37 | 0,75 |
| 17:00 | 0,11 | 0,16 | 0,61 |
| 18:00 | 0,05 | 0,05 | 0,37 |
| 19:00 | 0,02 | 0,02 | 0,13 |
| 20:00 | 0,00 | 0,00 | 0,00 |

Die Werte gelten unter idealen Bedingungen

▶ **Merke** Unterschiedlich ausgerichtete Photovoltaikanlagen zeigen ein unterschiedliches zeitliches Verhalten.

Aus Tab. 4.1 können für unterschiedlich ausgerichtete Photovoltaikanlagen für jede Uhrzeit Referenzwerte für die maximale relative Leistung entnommen werden.

Dies ist zur Untersuchung mehrerer Photovoltaikanlagen mit unterschiedlichen Ausrichtungen innerhalb eines Niederspannungsnetzes hilfreich, da dies dem kritischsten Fall entspricht. Für andere Fragestellungen, in denen auch das Zusammenwirken mit Windkraftanlagen untersucht werden soll, sind *vollständige Zeitreihen* erforderlich.

### 4.7.1 Beispiel zur Auswirkung unterschiedlicher Ausrichtungen

**Beispiel**

In einem Niederspannungsnetz befinden sich 3 Photovoltaikanlage verteilt auf zwei Niederspannungsabgänge. Alle Anlagen haben jeweils eine Gesamtleistung von

$$P_{\mathrm{MPP0}} = 10\,\mathrm{kW}. \tag{4.40}$$

Im ersten Abgang befindet sich die Anlage I, deren Leistung sich jeweils zur Hälfte auf zwei Seiten eines Daches verteilt. Die eine Dachfläche zeigt nach 90° Ost, die an-

## 4.7 Zusammenwirken unterschiedlich ausgerichteter Photovoltaikanlagen

dere Dachfläche nach 270° West. Weiterhin befindet sich im ersten Abgang Anlage II, die sich vollständig auf einer nach 270° West gerichteten Seite eines Daches befindet.

Im zweiten Abgang befindet sich die vollständig nach Süden ausgerichtete Anlage III.

Alle Anlagen sind um den Höhenwinkel 35° angewinkelt.

Es sollen die maximalen Leistungen mithilfe von Tab. 4.1 ermittelt werden:

a. Für die Anlage I, die sich auf zwei Seiten des Daches (Ost und West) gleichmäßig aufteilt, die maximale erzeugte Leistung.
b. Die maximale erzeugte Leistung im ersten Abgang. Die setzt sich aus den erzeugten Leistungen der Anlagen I und II zusammen.
c. Die maximale erzeugte Gesamtleistung aus beiden Abgängen. Diese setzt sich aus den erzeugten Leistungen der Anlagen I, II, und III zusammen.

**Lösung zu a:** Anlage I besteht aus zwei Anlagenhälften mit jeweils 5 kW STC-Leistung. Die Berechnung der Gesamtleistung erfolgt mit

$$P_I(t) = \frac{P_{STCI}}{2} \cdot (P_{rel\,90}(t) + P_{rel\,270}(t)) \tag{4.41}$$

für jede Stunde. Aus Vergleich der berechneten Leistungen folgt:

$$P_{I\,max} = 7{,}02\,\text{kW} \tag{4.42}$$

um

$$t = 12{:}00 \tag{4.43}$$

**Lösung zu b:** Zu den einzelnen Stundenwerten von Anlage I werden die Werte von Anlage II addiert, die nach Westen ausgerichtet ist. Dies entspricht der Summe in Abgang 1:

$$P_{Abgang\,1}(t) = P_I(t) + P_{II}(t). \tag{4.44}$$

Mit Gl. 4.41 folgt:

$$P_{Abgang\,1}(t) = \frac{P_{STCI}}{2} \cdot (P_{rel\,90}(t) + P_{rel\,270}(t)) + P_{STCII} \cdot P_{rel\,270}(t). \tag{4.45}$$

Nach Berechnung der erzeugten Leistungen in Abhängigkeit der Zeit wird das Maximum

$$P_{Abgang\,1\,max} = 15{,}38\,\text{kW} \tag{4.46}$$

um

$$t = 13{:}00 \tag{4.47}$$

ermittelt.

**Lösung zu c:** Für die Ermittlung der Gesamtleistung wird für jeden Zeitpunkt $t$ die Summe aller Leistungen addiert:

$$P_{\text{Netz}}(t) = \frac{P_{\text{STCI}}}{2} \cdot (P_{\text{rel}\,90}(t) + P_{\text{rel}\,270}(t)) + P_{\text{STCII}} \cdot P_{\text{rel}\,270}(t) + P_{\text{STCIII}} \cdot P_{\text{rel}\,180}. \tag{4.48}$$

Dabei erreicht im Ergebnis die gesamte von den drei Anlagen erzeugte Leistung um

$$t = 12{:}00 \tag{4.49}$$

ein Maximum

$$P_{\text{Netz max}} = 25{,}07\,\text{kW}. \tag{4.50}$$

## 4.8 Zusammenfassung zum Verhalten von Photovoltaikanlagen

Die Leistungsangaben einer Photovoltaikanlage als auch eines Photovoltaikmoduls gelten für die STC-Bedingen mit einer definierten Einstrahlung, einer definierten Temperatur und einer definierten Verteilung des Strahlungsspektrums.

Die tatsächliche Leistung hängt von der Einstrahlung auf das Modul und von der Modultemperatur ab. Mit zunehmender Temperatur verringert sich die Leistung.

Die Wahrscheinlichkeit von Leistung im Bereich der STC-Werte liegt im einstelligen Prozentbereich.

Teilverschattungen durch benachbarte Gebäude oder Bäume, Mismatching, Staubbelag und Trackingverluste können sich zusätzlich leistungsmindernd auswirken.

Die Einstrahlung ist abhängig von Standort, Jahreszeit, Tageszeit, Höhenwinkel und Azimut.

Die Modultemperatur kann aus der Einstrahlung und der Umgebungstemperatur näherungsweise bestimmt werden.

Für jeden Zeitpunkt kann mithilfe der Modultemperatur und der Einstrahlung die tatsächliche Leistung berechnet werden.

Photovoltaikanlagen mit unterschiedlichen Höhenwinkeln und unterschiedlichem Azimut erreichen zu unterschiedlichen Tageszeiten ihr Leistungsmaxium. Die maximale Gesamtleistung ist dann kleiner als die Summe der installierten Leistungen.

# Literatur

1. Quaschning V(2007) Regenerative Energiesysteme, Hanser, München
2. Garcia A (2004) Estimation of photovoltaic module yearly temperature and performance based on nominal operation cell temperature calculations, CIEMAT, Madrid
3. Wagner A (2000) Peakleistung- und Serieninnenwiderstand-Messung unter natürlichen Umgebungsbedingungen, Fachhochschule Dortmund
4. Wagner A (2005) Photovoltaik Engineering, Springer, Berlin Heidelberg
5. www.satel-light.com

# 5 Windkraftanlagen

## 5.1 Die besondere Bedeutung der Windgeschwindigkeit

Die Leistung einer Windkraftanlage wird durch die Windgeschwindigkeit beeinflusst. Um dies besser verstehen zu können, soll auf die physikalischen Grundlagen eingegangen werden. Unter der Bedingung des Energieerhaltungssatzes kann eine Windkraftanlage nicht mehr elektrische Energie in das Netz einspeisen als im Wind enthalten ist. Wieviel der im Wind enthaltenen Energie eine Windkraftanlage in elektrische Energie wandeln kann, wird beeinflusst durch:

- den Grad, mit dem die Windkraftanlage die kinetische Energie des Windes in mechanische Energie des Rotors wandeln kann. Dieser ist abhängig von der Geometrie der Windkraftanlage, die die aerodynamischen Eigenschaften der Windkraftanlage bestimmen,
- den Grad, mit dem Getriebe und Generator der Windkraftanlage die mechanische Energie des Rotors in elektrische Energie wandeln kann.

Die Herleitung der im Wind enthaltenen Energie soll am abstrakten Modell eines Zylinders aus Luft erfolgen. Dieser Zylinder bewegt sich mit seiner Geschwindigkeit $v$ entlang seiner Mittelachse auf eine Windkraftanlage zu. Die Drehachse des Rotors befindet sich in einer Linie mit der Mittelachse des Zylinders. Der Zylinder wird beschrieben durch seine Länge $l_{zyl}$ und seinem Durchmesser $D_{rot}$, der identisch ist mit dem Rotordurchmesser.

Es gilt allgemein

$$E_{kin} = m \cdot \frac{v^2}{2} \qquad (5.1)$$

für die kinetische Energie eines Köpers mit der Masse $m$ und der Geschwindigkeit $v$. Die Masse $m$ des Zylinders entspricht mit

$$m = \rho \cdot V \qquad (5.2)$$

dem Produkt aus der Dichte der Luft $\rho$ und des Zylindervolumens $V$. Mit

$$A_{\text{rot}} = \pi \cdot \frac{D_{\text{rot}}^2}{4} \tag{5.3}$$

für die Grundfläche des Zylinders und

$$V = A_{\text{rot}} \cdot l_{\text{zyl}} \tag{5.4}$$

für das Zylindervolumen folgt für die kinetische Energie nach Gl. 5.1:

$$E_{\text{kin}} = \rho \cdot A_{\text{rot}} \cdot l_{\text{zyl}} \cdot \frac{v^2}{2}. \tag{5.5}$$

Unter Normbedingungen besitzt Luft die Dichte

$$\rho = 1{,}2923 \cdot \frac{\text{kg}}{\text{m}^3}. \tag{5.6}$$

Es erfolgt die Bestimmung der in der Luft enthaltenen Leistung. Allgemein gilt für die Energie

$$E = \int p(t) \cdot \text{d}t \tag{5.7}$$

als Integral der Leistung über ein Zeitintervall. Für eine zeitlich konstante Leistung gilt

$$E = P \cdot t. \tag{5.8}$$

Es folgt mit

$$P = \frac{E}{t} \tag{5.9}$$

und mit Gl. 5.5:

$$P = \frac{E_{\text{kin}}}{t} = \rho \cdot A_{\text{rot}} \cdot \frac{l_{\text{zyl}}}{t} \cdot \frac{v^2}{2}. \tag{5.10}$$

Mit der Definition

$$v = \frac{l_{\text{zyl}}}{t} \tag{5.11}$$

folgt für die im Wind enthaltene Leistung:

$$P = \rho \cdot A_{\text{rot}} \cdot \frac{v^3}{2}. \tag{5.12}$$

▶ **Merke** Die Windgeschwindigkeit wirkt sich in dritter Potenz auf die im Wind enthaltene Leistung aus.

## 5.2 Aufbau und Konzepte zur Netzanbindung von Windkraftanlagen

Windkraftanlagen können nicht nur nach ihrer Größe oder Leistung unterteilt werden. Weitere Unterscheidungsmerkmale sind das strömungstechnische Konzept, die Anströmrichtung des Rotors, die Form der Leistungsbegrenzung und die Ausführung der Netzanbindung.

Allgemein wird zwischen *Widerstandskonvertern* und *Auftriebskonvertern* unterschieden. Auf eine Fläche $A$, die senkrecht von einem Wind mit der Geschwindigkeit $v$ angeströmt wird, wird mit

$$F = \frac{P}{V}, \tag{5.13}$$

mit Gl. 5.12 und dem Luftwiderstandsbeiwert $c_w$ die als Staudruck bezeichnete Kraft

$$F = c_w \cdot \rho \cdot A \cdot \frac{V^2}{2} \tag{5.14}$$

ausgeübt.

Der Luftwiderstandsbeiwert $c_w$ ist dabei abhängig von der Form der Fläche. Widerstandskonverter nutzen diese Kraft zum Antrieb und bewegen sich mit einer Geschwindigkeit $u$ in der gleichen Richtung wie $v$. Das Verhältnis

$$\lambda = \frac{u}{v} \tag{5.15}$$

wird als *Schnelllaufzahl* bezeichnet. Durch die Geschwindigkeitszunahme verringert sich die resultierende Kraft auf die Fläche. Der Wirkungsgrad von Konzepten mit Widerstandsläufern ist gering.

Moderne Windkraftanlagen werden als Auftriebsläufer ausgeführt. Dabei werden die Rotoren in einer unsymmetrischen Form realisiert, die auf beiden Seiten des Rotors für unterschiedlich hohe Anströmgeschwindigkeiten sorgt. Durch die Anströmung entsteht auf der Seite mit der höheren Geschwindigkeit ein Unterdruck. Auf der Seite mit der geringeren Anströmgeschwindigkeit entsteht ein Überdruck.

Windkraftanlagen, bei denen sich der Rotor in Windrichtung vor dem Turm befindet, werden als *Luvläufer* bezeichnet. *Leeläufer* heißen Anlagen, deren Rotor aus Windrichtung hinter dem Turm liegt. Dabei erfahren Leeläufer hohe mechanische Kräfte und weisen eine höhere Geräuschentwicklung auf, da sich der Rotor stellenweise im Windschatten des Turmes befindet und es dort zu Verwirbelungen kommt. Große Windkraftanlagen werden bevorzugt als Luvläufer realisiert.

Bei zu hohen Windgeschwindigkeiten können zu hohe Leistungen entstehen, die den Generator überlasten können. Dabei kommen die zwei aerodynamische Konzepte:

- Stall-Regelung,
- Pitch-Regelung

zur Anwendung. Bei der *Stall-Regelung* handelt es sich um eine Methode, bei der nicht aktiv eingegriffen wird. Die Rotorblätter von Windkraftanlagen mit Stall-Regelung bewegen sich mit konstanter Drehzahl in einem festen Verhältnis zur Netzfrequenz. Erreicht die anströmende Windgeschwindigkeit einen Grenzwert, so kommt es zum Strömungsabriss, da der Wind dem Rotorprofil nicht mehr folgen kann.

Bei Windkraftanlagen mit *Pitch-Regelung* sind die Rotorblätter drehbar gelagert und können durch Elektromotoren aktiv bewegt werden. Werden durch den Wind unzulässig hohe Anströmungsgeschwindigkeiten erreicht, werden die Rotorblätter durch die Elektromotoren in der Nabe in den Wind gedreht, sodass die Leistungsaufnahme des Rotors verringert wird [1].

Die *direkte Netzankopplung* wird bei kleinen Windkraftanlagen ($P < 1$ MW) angewendet. Dabei wird der stall-geregelte Rotor über ein Getriebe mit dem Läufer eines Asynchrongenerators verbunden. Bei höheren Drehzahlen entstehen höhere Verluste im kurzgeschlossenen Läufer. Durch den Einsatz regelbarer Widerstände im Läuferkreis kann der Schlupf variabel gefahren werden. Die Rotordrehzahl ist bei diesem Konzept nahezu unabhängig von der Windgeschwindigkeit. Nicht bei jeder Windgeschwindigkeit kann dem Wind gleichermaßen gut Leistung entnommen und ins Netz eingespeist werden. Durch den Einsatz polumschaltbarer Generatoren lassen sich mehrere Drehzahlbereiche realisieren und der Bereich der Windgeschwindigkeit zur optimalen Leistungsentnahme kann erweitert werden. Diese Form der Netzanbindung, die aufgrund ihrer ursprünglichen Herkunft oft auch als *dänisches Konzept* bezeichnet wird, hat den Vorteil einer relativ einfachen und robusten Ausführung. Der hohe Bedarf an Blindleistung wirkt sich nachteilig aus und muss unter Umständen in Form von Kondensatorbänken kompensiert werden.

Durch den Einsatz von Leistungselektronik im Läuferkreis kann auch die Leistung aus dem Läufer ins Netz eingespeist werden. Dabei kann die im Läufer durch den Schlupf erzeugte Spannung oberhalb der Netzfrequenz liegen. Diese Spannung wird zunächst gleichgerichtet und die Leistung wird in einem Gleichspannungszwischenkreis einem Wechselrichter bereitgestellt, der diese netzsynchron an das Netz abgeben kann. Da bei diesem Verfahren nur Generatordrehzahlen größer der Netzfrequenz genutzt werden können, wird dieses Konzept als *übersynchrone Stromrichterkaskade* bezeichnet.

Vermehrte Anwendung findet hingegen das Konzept mit *doppelgespeistem Asynchrongenerator*. Der Vorteil dieses Konzeptes besteht darin, dass für den Generator Drehzahlbereiche *unter- und oberhalb* der Netzfrequenz möglich sind. Dabei wird der Läufer über einen Direktumrichter mit dem Netz verbunden. Der Vorteil dieses Konzepts ist neben dem erweiterten Drehzahlbereich der regelbare Blindleistungsbedarf.

Werden *Synchrongeneratoren mit Umrichter und Zwischenkreis* eingesetzt, kann die Generatordrehzahl der Windgeschwindigkeit angepasst werden. Die Drehzahl wird dabei optimal der Windgeschwindigkeit angepasst und ein Maximum an Leistung kann dem Wind entnommen werden. Dabei wird der Generator über einen Frequenzumrichter mit dem Netz verbunden. Der Erregerkreis des Generators wird über einen Gleichrichter versorgt. Generator- und Netzfrequenz sind voneinander unabhängig, und auf ein Getriebe kann verzichtet werden. Diese Form findet in hohen Stückzahlen Anwendung, da sie mehrere Vorteile bietet. Durch den Entfall des Getriebes kann die Geräuschentwicklung minimiert werden und das Material für das Getriebe kann eingespart werden. Durch die eingesetzte Leistungselektronik wird eine hohe Regelbarkeit erzielt. Nachteilig wirken sich zum einen das hohe Gewicht des Synchrongenerators aus und zum anderen, dass die Leistungselektronik der gesamten Generatorleistung standhalten muss [1, 2, 3].

## 5.3 Leistungskennlinien von Windkraftanlagen

Im Vergleich zu Photovoltaikanlagen kann bei Windkraftanlagen die Leistung nicht allein anlagenunabhängig anhand der Eingangsgröße der Windgeschwindigkeit bestimmt werden. Windkraftanlagen zeigen *spezifische* Leitungscharakteristiken. Welche Leistung eine Windkraftanlage bei welcher Geschwindigkeit erzeugen kann, wird in der vom Hersteller gemessenen *Leistungskennlinie* angegeben.

In Abb. 5.1 sind als Beispiel Kennlinien von zwei verschiedenen Windkraftanlagen dargestellt. Während die Anlage der auf der linken Seite dargestellten Kennlinie bereits bei 12 m/s ihre Nennleistung erreicht, erreicht die andere Windkraftanlage ihre Nennleistung erst bei 15 m/s. Die Windgeschwindigkeit bezieht sich jeweils auf die *Geschwindigkeit in Nabenhöhe*. Welchen Einfluss die Höhe hat und wie die Windgeschwindigkeit auf andere Höhen umgerechnet werden kann, wird in Abschn. 5.5 vorgestellt.

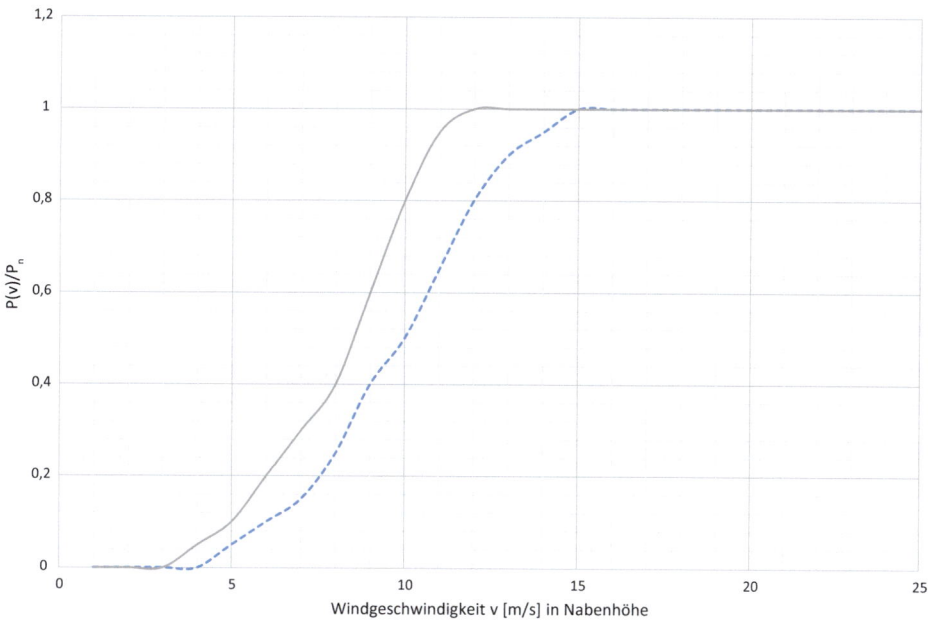

**Abb. 5.1** Unterschiedliche Leistungskennlinien von Windkraftanlagen

Durch das unterschiedliche Verhalten von Windkraftanlagen ist es nicht möglich, das gemessene elektrische Leistungsverhalten für weitere beliebige geplante Windkraftanlagen zu übertragen (vgl. Abb. 5.6).

## 5.4 Winddargebot

Beim Dargebot des Windes müssen zwei Fragestellungen voneinander unterschieden werden. Die eine Frage ist, welche maximalen Windgeschwindigkeiten werden an einem Anlagenstandort erreicht. Die andere Frage ist, wann und wie oft welche Windgeschwindigkeit für die Stromerzeugung zur Verfügung steht.

In Abb. 5.2 ist für drei unterschiedliche Regionen die relative Häufigkeit der Windgeschwindigkeit für ein Jahr dargestellt. Besonders in Küstenregionen ist der Anteil an hohen Windgeschwindigkeiten größer als im Binnenland.

▶ **Merke** Die Höhe und der Anteil hoher Windgeschwindigkeiten ist regional verschieden.

Für Windregionen oder geplante Anlagenstandorte existieren in der Regel Angaben zur mittleren Windgeschwindigkeit und die Weibull-Parameter $a$ und $K$.

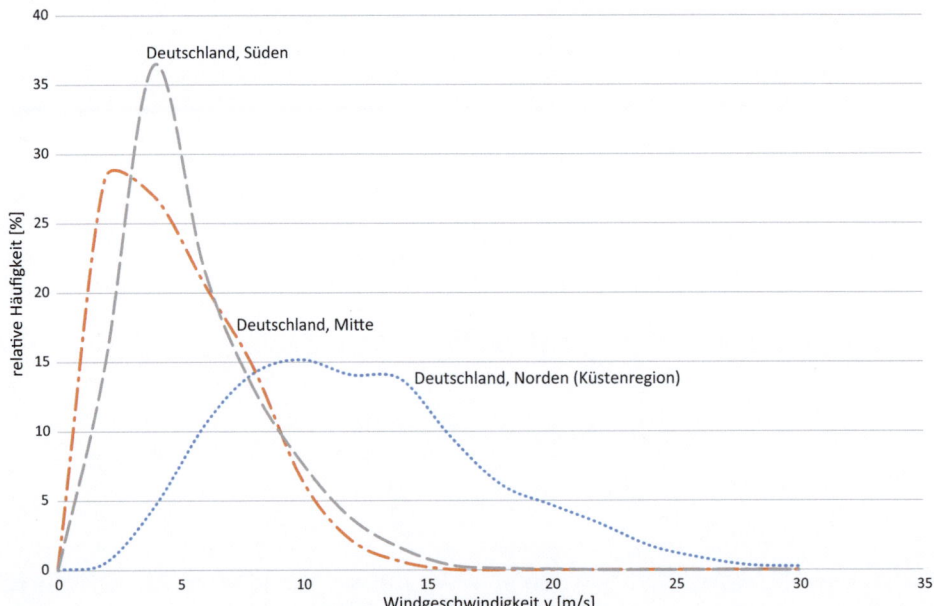

**Abb. 5.2** Windgeschwindigkeitsverteilung für verschiedene Standorte in Deutschland in 50 m Höhe

Die *Weibull-Verteilung* ist eine stetige statistische Funktion mit der Definition:

$$f(v) = \frac{k}{a} \cdot \left(\frac{v}{a}\right)^{k-1} \cdot e^{\left(-\left(\frac{v}{a}\right)^k\right)}. \tag{5.16}$$

Diese Angaben dienen in erster Linie der Ermittlung des zu erwartenden Energieertrages während der Vorplanung einer Anlage.

Wie in Abschn. 5.1 gezeigt, ist die Geschwindigkeit des Windes von besonderer Bedeutung für die mögliche Leistung, welche die bestimmende Größe bei der Planung und Dimensionierung eines Netzes ist.

## 5.5 Einfluss der Höhe

Die zur Verfügung stehenden Messwerte zur Windgeschwindigkeit werden in der Regel mit Sensoren ermittelt, die sich in einer Höhe von ungefähr 10 m befinden. Heute marktübliche Windkraftanlagen haben Nabenhöhen von 50 bis über 130 m. Der in großer Höhe vorhandene Wind wird in Bodennähe abgeschwächt. Hindernisse am Boden wie Pflanzen oder Gebäude reduzieren die Windgeschwindigkeit zusätzlich. Für die Bestimmung der Windgeschwindigkeit $v$ in Nabenhöhe $h_2$ muss die gemessene Windgeschwindigkeit in der Höhe $h_2$ umgerechnet werden mit:

$$v(h_2) = v(h_1) \cdot \frac{\ln\left(\frac{h_2 - d}{z_0}\right)}{\ln\left(\frac{h_1 - d}{z_0}\right)}. \tag{5.17}$$

Dabei beschreibt $z_0$ die geländeklassenspezifische *Rauhigkeitslänge* in m und $d$ und beschreibt den Einfluss durch Hindernisse [2]. Sind die Hindernisse weit auseinandern kann $d$ zu null gesetzt werden [1].

Aus Abb. 5.3 können für verschiedene Geländeklassen Umrechnungsfaktoren für die Windgeschwindigkeit in Abhängigkeit der Nabenhöhe als Richtwerte entnommen werden.

Da mit zunehmender Höhe die Windgeschwindigkeit größer wird, verändert sich auch die Häufigkeitsverteilung der Windgeschwindigkeit.

Wie in Abb. 5.4 zu erkennen, werden mit zunehmender Höhe die Anteile hoher Windgeschwindigkeiten größer.

> ▶ **Merke** Die in dritter Potenz in die Leistung einfließende Windgeschwindigkeit ändert sich mit der Höhe.

Gemeinsam mit dem in Abschn. 5.3 vorgestellten Einfluss der Leistungskennlinie einer Windkraftanlage ist deren zeitliches Verhalten folglich zusätzlich von der Nabenhöhe der Windkraftanlage abhängig.

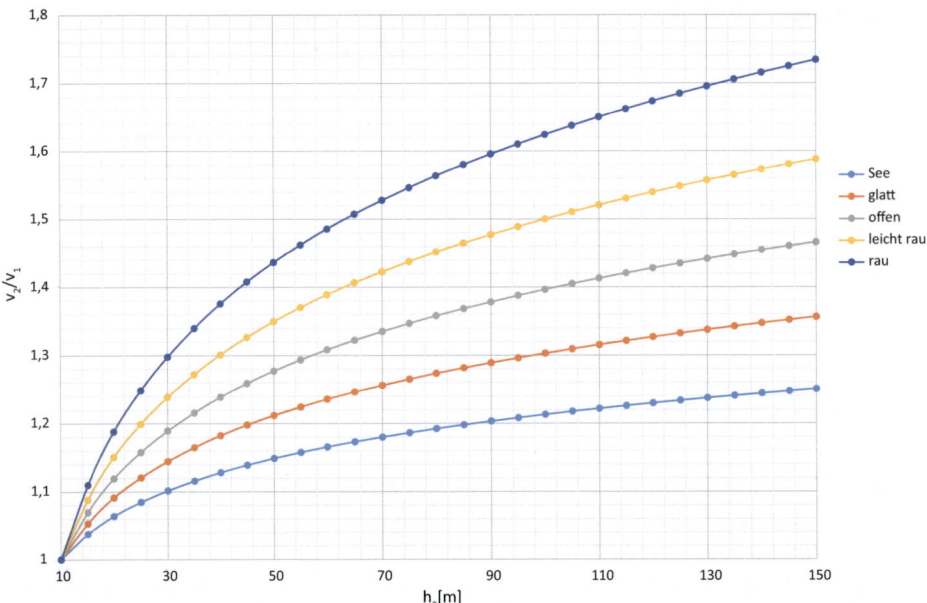

**Abb. 5.3** Einfluss des Höhenunterschiedes auf die Windgeschwindigkeit für verschiedene Geländeklassen

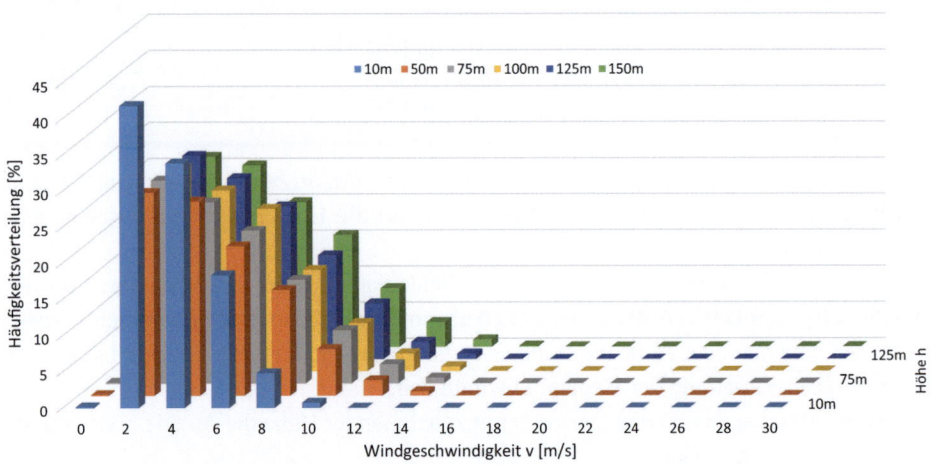

**Abb. 5.4** Häufigkeitsverteilung der Windgeschwindigkeit für verschiedene Höhen

In Abb. 5.5 sind die Häufigkeitsverteilungen der elektrischen Leistung für zwei Windkraftanlagen im Vergleich dargestellt. Für beide Windkraftanlagen wurden die identischen, auf 10 m Höhe gemessenen Werte für die Windgeschwindigkeit zugrunde gelegt. Die beiden Anlagen unterscheiden sich in ihren Kennlinien und Nabenhöhen. Die Anlage,

## 5.6 Berechnung der Zeitreihen für unterschiedliche Windkraftanlagen

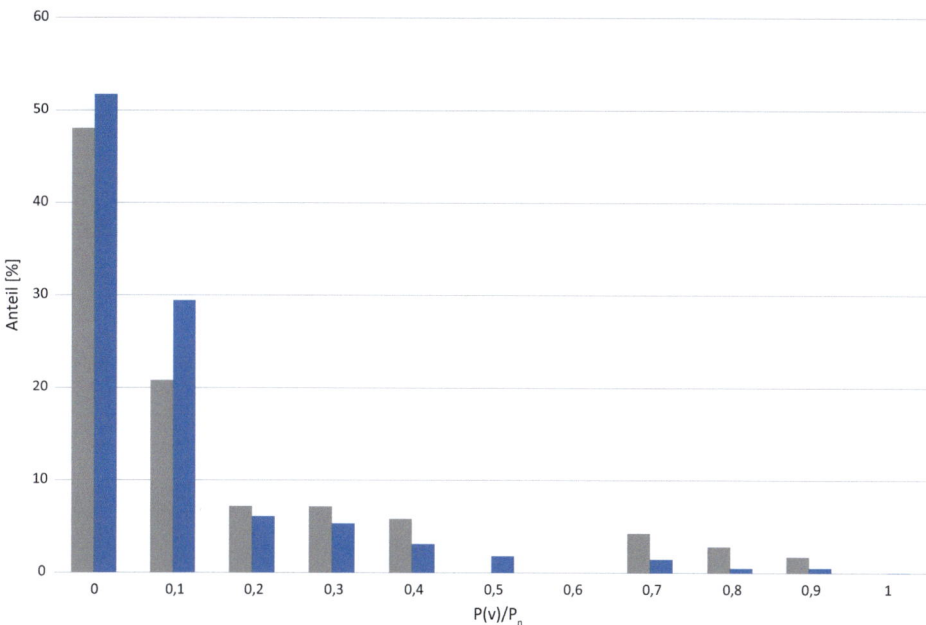

**Abb. 5.5** Häufigkeitsverteilung der elektrischen Leistung von Windkraftanlagen mit unterschiedlichen Höhen und Kennlinien

die durch die helleren Balken symbolisiert ist, hat eine Nabenhöhe von 138 m und erreicht bei einer Windgeschwindigkeit von 12 m/s ihre Nennleistung. Die zweite Windkraftanlage hat eine Nabenhöhe von 84 m und erreicht aufgrund ihrer Kennlinie die Nennleistung bei einer Windgeschwindigkeit von 16 m/s.

Um dies zu verdeutlichen, werden die Leistungsprofile der beiden Anlagen am Beispiel eines Tages in Abb. 5.6 miteinander verglichen.

Die beiden Anlagen zeigen ein unterschiedliches Verhalten. Während eine zeitweise die elektrische Nennleistung erreicht, leistet die andere etwa 65 % ihrer Nennleistung.

▶ **Merke** Das zeitliche Verhalten einer Windkraftanlage wird durch deren Leistungskennlinie und Nabenhöhe beeinflusst.

## 5.6 Berechnung der Zeitreihen für unterschiedliche Windkraftanlagen

Für die Berechnung der Zeitreihen sind mehrere Schritte erforderlich. Zunächst erfolgt die Beschaffung der gemessenen Windgeschwindigkeiten für die *zu untersuchende Region*. Diese können z. B. beim Service WESTE des Deutschen Wetterdienstes DWD bezogen

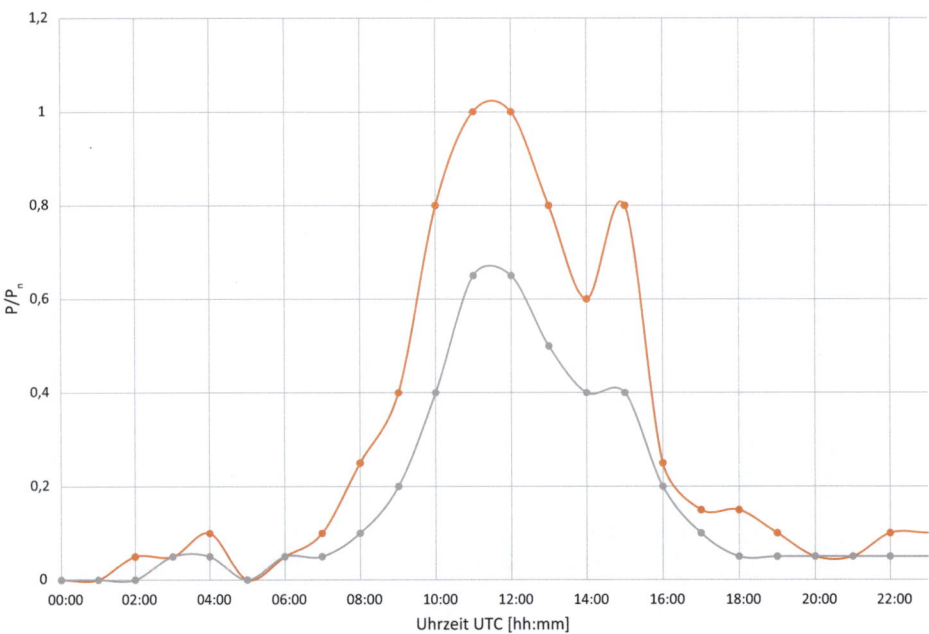

**Abb. 5.6** Vergleich der Leistungsprofile an einem Februartag für zwei verschiedene Anlagen

werden. Neben den gemessenen Werten sind Informationen über die Umgebung des Sensors und über die Höhe, in der gemessen wurde, notwendig.

Ergebnis der Berechnungen (siehe Beispiel unter Abschn. 5.7) ist die zeitliche Funktion der Windgeschwindigkeit in einer bestimmten Höhe.

Im zweiten Schritt erfolgt die Erfassung der technischen Daten der entsprechenden Windkraftanlagen:

- Nennleistung,
- Nabenhöhe,
- und Leistungskennlinie.

Diese Daten sind in der Regel den technischen Datenblättern der Hersteller zu entnehmen.

Dann erfolgt im nächsten Schritt für jede Anlage mithilfe von Gl. 5.14 die Berechnung der Windgeschwindigkeit für die entsprechende Nabenhöhe. Mit der berechneten Windgeschwindigkeit und der Leistungskennlinie erfolgt die Berechnung der Leistung.

## 5.7 Beispiel zur Leistung von Windkraftanlagen

> **Beispiel**
>
> Eine Windkraftanlage sei durch folgende technische Daten gekennzeichnet:

Nabenhöhe:
$$h_{\text{rot}} = 84\,\text{m}. \tag{5.18}$$

Rotordurchmesser:
$$D_{\text{rot}} = 82\,\text{m}. \tag{5.19}$$

Nennleistung:
Die Leistungskennlinie der Windkraftanlage sei durch die in Tab. 5.1 gelisteten Werte beschrieben.

Die Anlage befindet sich in einer Weidelandschaft. Für die Beschreibung des Geländes soll gelten:
$$z_0 = 0{,}03. \tag{5.20}$$

Weiterhin soll sich der Sensor zur Messung der Windgeschwindigkeit auf einer Wetterstation in einer Höhe von
$$h_{\text{sens}} = 10\,\text{m} \tag{5.21}$$

befinden.
Es sollen folgende Berechnungen durchgeführt werden:

a. der Gesamtwirkungsgrad der Anlage jeweils bei einer Windgeschwindigkeit von
   1. 1. 10 m/s,
   2. 2. 16 m/s,
   3. 3. 25 m/s.
b. die minimale vom Sensor erfasste Windgeschwindigkeit, bei der die Anlage ihre halbe Nennleistung abgibt.

**Lösung zu a)**
Der Gesamtwirkungsgrad ist definiert durch
$$\eta = \frac{P_{\text{el}}}{p_{\text{wind}}} \tag{5.22}$$

als Verhältnis der abgegebenen elektrischen Leistung zur im Wind enthaltenen Leistung.

Zur Berechnung der im Wind enthaltenen Leistung nach Gl. 5.12 muss zunächst die Rotorfläche
$$A_{\text{rot}} = \pi \cdot \frac{D_{\text{rot}}^2}{4} = \pi \cdot \frac{82\,\text{m}^2}{4} = 5281\,\text{m}^2 \tag{5.23}$$

bestimmt werden.

**Tab. 5.1** Beschreibung der Leistungskennlinie einer Windkraftanlage

| Windgeschwindigkeit in Nabenhöhe in m/s | Leistung in kW |
|---|---|
| 1 | 0 |
| 2 | 0 |
| 3 | 25 |
| 4 | 82 |
| 5 | 174 |
| 6 | 321 |
| 7 | 525 |
| 8 | 800 |
| 9 | 1135 |
| 10 | 1510 |
| 11 | 1880 |
| 12 | 2200 |
| 13 | 2500 |
| 14 | 2770 |
| 15 | 2910 |
| 16 | 3000 |
| 17 | 3020 |
| 18 | 3020 |
| 19 | 3020 |
| 20 | 3020 |
| 21 | 3020 |
| 22 | 3020 |
| 23 | 3020 |
| 24 | 3020 |
| 25 | 3020 |

**Lösung zu a.1)**

Mit

$$v = 10 \, \frac{\text{m}}{\text{s}} \tag{5.24}$$

folgt für die im Wind enthaltene Leistung und Gl. 5.20

$$p_{\text{wind}} = \rho \cdot A_{\text{rot}} \cdot \frac{v^3}{2} = 1{,}292 \, \frac{\text{kg}}{\text{m}^3} \cdot 5281 \, \text{m}^2 \cdot \left(10 \, \frac{\text{m}}{\text{s}}\right)^3 /2 = 3411 \, \text{kW}. \tag{5.25}$$

Aus Tab. 5.1 kann für die Windgeschwindigkeit

$$p_{\text{el}} = 1510 \, \text{kW} \tag{5.26}$$

entnommen werden. Mit Gl. 5.19 folgt

$$\eta = \frac{P_{\text{el}}}{p_{\text{wind}}} = \frac{1510 \, \text{kW}}{3411 \, \text{kW}} = 0{,}44. \tag{5.27}$$

## 5.7 Beispiel zur Leistung von Windkraftanlagen

**Lösung zu a.2)**
Die Berechnung der Leistung des Windes erfolgt analog zu Gl. 5.22 mit

$$v = 16\,\frac{m}{s}. \tag{5.28}$$

Daraus folgt

$$p_{\text{wind}} = 1{,}292\,\frac{\text{kg}}{\text{m}^3} \cdot 5281\,\text{m}^2 \cdot \left(16\,\frac{m}{s}\right)^3 / 2 = 13.973\,\text{kW}. \tag{5.29}$$

Die abgegebene elektrische Leistung der Windkraftanlage

$$p_{\text{el}} = 3000\,\text{kW} \tag{5.30}$$

kann Tab. 5.1 entnommen werden.
Es folgt die Bestimmung des Wirkungsgrades

$$\eta = \frac{3000\,\text{kW}}{13.973\,\text{kW}} = 0{,}214. \tag{5.31}$$

**Lösung zu a.3)**
Mit der Windgeschwindigkeit

$$v = 25\,\frac{m}{s} \tag{5.32}$$

berechnet sich die im Wind enthaltene Leistung

$$p_{\text{wind}} = 1{,}292\,\frac{\text{kg}}{\text{m}^3} \cdot 5281\,\text{m}^2 \cdot \left(25\,\frac{m}{s}\right)^3 / 2 = 53.305\,\text{kW} \tag{5.33}$$

und die elektrische Leistung beträgt

$$p_{\text{el}} = 3020\,\text{kW} \tag{5.34}$$

gemäß Herstellerangaben. In diesem Arbeitspunkt beträgt der Wirkungsgrad

$$\eta = \frac{3020\,\text{kW}}{53.305\,\text{kW}} = 0{,}06. \tag{5.35}$$

▶ **Merke** Der Wirkungsgrad einer Windkraftanlage ist nicht konstant. Zur Leistungskennlinie wird daher von den Herstellern zusätzlich der geschwindigkeitsabhängige Leistungsbeiwert $c_p$ als Kennlinie in den technischen Datenblättern angegeben.

**Lösung zu b)**
Laut Herstellerangabe erreicht die Windkraftanlage ihre halbe Nennleistung bei einer Windgeschwindigkeit von

$$v(h_{\text{rot}}) = 10\,\frac{\text{m}}{\text{s}}. \tag{5.36}$$

Aus Gl. 5.14 folgt:

$$v(h_{\text{sen}}) = v(h_{\text{rot}}) \cdot \frac{\ln\left(\frac{h_{\text{sens}}-d}{z_0}\right)}{\ln\left(\frac{h_{\text{rot}}-d}{z_0}\right)} = 10\,\frac{\text{m}}{\text{s}} \cdot \frac{\ln\left(\frac{10\,\text{m}}{0{,}03\,\text{m}}\right)}{\ln\left(\frac{84\,\text{m}}{0{,}03\,\text{m}}\right)} = 7{,}3\,\frac{\text{m}}{\text{s}}. \tag{5.37}$$

## 5.8 Zusammenfassung zum Verhalten von Windkraftanlagen

> Das elektrische Verhalten von Windkraftanlagen wird durch die Leistungskennlinien beschrieben. Durch die Kennlinie wird vom Hersteller angegeben, bei welcher Windgeschwindigkeit wie viel Leistung erzeugt werden kann.
>
> Die Windgeschwindigkeit ändert sich mit der Höhe. Sie wird für die Sensorhöhe angegeben und muss für jede Anlage zur Bestimmung der Leistung auf die Geschwindigkeit in Nabenhöhe umgerechnet werden.
>
> Gemessene elektrische Leistungsverläufe einer Windkraftanlage sind daher nur unter gleichen Bedingungen auf andere Anlagen übertragbar.
>
> Das Dargebot des Windes ist regional unterschiedlich. Die zu Standorten angegebenen statistischen Werte sind ungeeignet, um für die Planung Zeitreihen zu erstellen.
>
> Die erzeugte Leistung wächst mit der dritten Potenz der Windgeschwindigkeit.

## Literatur

1. Quaschning V (2007) Regenerative Energiesysteme. Hanser, München
2. Schlabbach, Monbauer (2008) Power Quality. VDE, Berlin Offenbach
3. Noack F (2003) Einführung in die elektrische Energietechnik. Hanser, Leipzig

# Zusammenwirken von Windkraft- und Photovoltaikanlagen

6

Die Fragestellung, wie viel Leistung durch Windkraftanlagen gleichzeitig zur Leistung aus Photovoltaikanlagen erzeugt wird, ist wiederkehrend bei allen Planungsaufgaben. In der Grundsatz- und Ausbauplanung ist die Information bei der Festlegung von Standardbetriebsmitteln und der Bewertung von Flexibilitätstechnologien hilfreich. In der Projektplanung kann bei der Überprüfung einzelner Anschlüsse in Grenzfällen überprüft werden, wie groß das Risiko einer Grenzwertverletzung ist, bis die Ausbaumaßnahmen erfolgt sind.

Welche Leistungen gleichzeitig auftreten können, hängt letztendlich von den Fragen ab:

- welche Windstärken bei welchen solaren Einstrahlungswerten und
- zu welchen Anteilen Wind und Einstrahlung in elektrische Leistung umgewandelt werden können.

## 6.1 Regionale Unterschiede

Windstärke und Einstrahlung sind nicht zwingend voneinander unabhängige Größen.

Beim Wind handelt es sich um Ausgleichsströmungen zwischen Druckunterschieden. Diese Druckunterschiede haben teils regionale, teils überregionale Ursachen. Mit dem Jahresverlauf und der geografischen Lage stellen sich diverse Temperaturen und Luftdrücke ein. Druckunterschiede werden in Form von Wind über u. U. weite Bereiche der Erde ausgeglichen.

Darüber hinaus bilden sich lokale Druckunterschiede aus. Die Entstehung von Wind in Küstenregionen ist ein bekanntes und typisches Beispiel dafür.

Liegen für jeden Zeitpunkt Werte zur Einstrahlung und Windgeschwindigkeit vor, so kann für jeden Zeitpunkt die Einstrahlung einer Windstärke zugeordnet werden. In

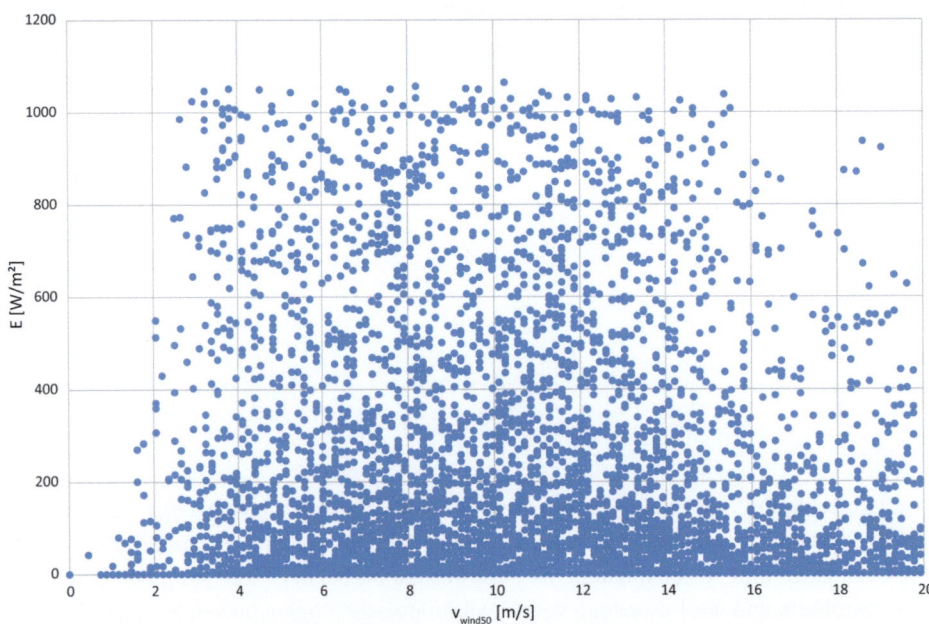

**Abb. 6.1** Einstrahlungsstärke in Abhängigkeit von der Windstärke im Norden Deutschlands

Abb. 6.1 werden Einstrahlungen und Windstärken für eine Küstenregion miteinander verglichen.

Es existiert an diesem Standort folglich ein *Zusammenhang zwischen Wind und Sonneneinstrahlung*:

▶ **Merke** Wind ist eine indirekte Form der Sonnenenergie.

In anderen Regionen existieren durch die Lage und Beschaffenheit Besonderheiten, die einen speziellen Einfluss darauf haben, wie stark der Wind bei einer bestimmten Einstrahlung weht.

Im Vergleich zu Küstenregionen wurde die gleiche Auswertung in Abb. 6.2 für einen Standort in der Mitte Deutschlands in Hessen durchgeführt.

Ergebnisse dieser Auswertungen sind Wertepaarwolken. Der Vergleich zeigt charakteristische und unterschiedliche Konturen sowie Bereiche, in denen sich die Werte verdichten.

▶ **Merke** Das gleichzeitige Dargebot solarer Einstrahlung in Abhängigkeit der Windstärke ist regional verschieden.

## 6.2 Abhängigkeit der maximal erzeugten Leistung aus Photovoltaik

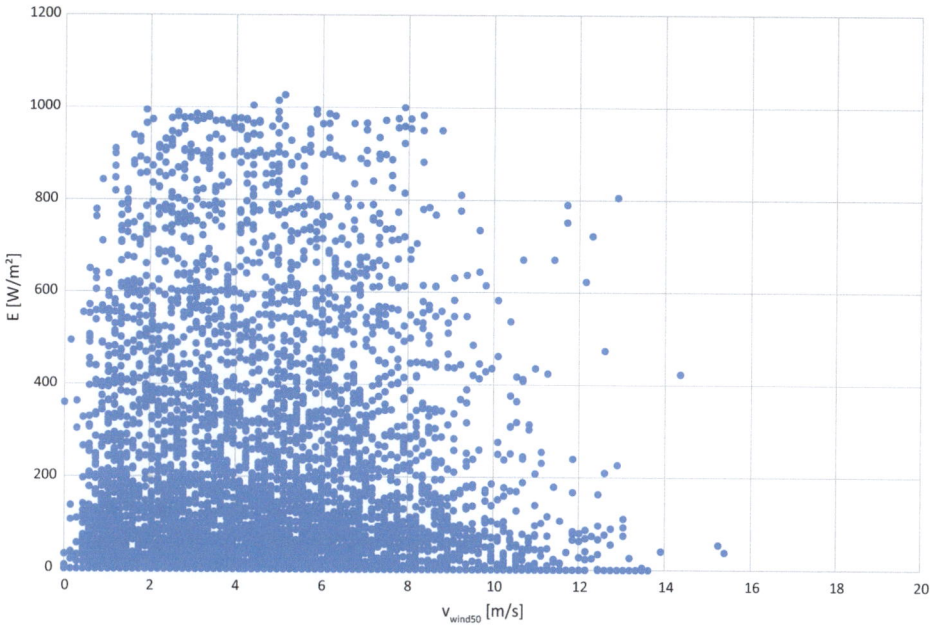

**Abb. 6.2** Einstrahlungsstärke in Abhängigkeit von der Windstärke in der Mitte Deutschlands

Für grundsätzliche Überlegungen können zwei Fragen von besonderer Bedeutung sein:

- Welche maximalen, durch Windkraftanlagen und Photovoltaikanlagen erzeugten Leistungen können gleichzeitig auftreten?
- Wie wahrscheinlich sind kritische Kombinationen aus beiden Erzeugungsarten?

Die maximalen Leistungen können durch die umhüllende der Wertepaarwolken beschrieben werden. Die Wahrscheinlichkeit wird durch die Dichte der Wertepaare beschrieben.

## 6.2 Abhängigkeit der maximal erzeugten Leistung aus Photovoltaik von der erzeugten Leistung aus Windkraft

Für die Auslegung von Betriebsmitteln ist die maximale Leistung der bestimmende Parameter.

Soll für ein Netz die maximale Leistung von Photovoltaikanlagen in Abhängigkeit der erzeugten Leistung aus Windkraftanlagen ermittelt werden, so muss für jede Windkraftanlage im Netz deren

- Nabenhöhe und
- Leistungskennlinie

bekannt sein (vgl Abschn. 5.3 und 5.5). Unter Berücksichtigung dieser Informationen werden anschließend aus den Messwerten der Windgeschwindigkeit in Sensorhöhe die Leistungen der einzelnen Windkraftanlagen bestimmt. Die Berechnung der Leistung der Photovoltaikanlagen erfolgt unter Berücksichtigung der Anlagenausrichtung aus den Werten für die Einstrahlung und für die Umgebungstemperatur.

Dabei erfolgt die Berechnung der Leistung für die Windkraftanlagen wie in Abschn. 5.6 und die Berechnung der Leistung für die Photovoltaikanlagen wie in Abschn. 4.6.

Besonders bei der Untersuchung von Mittelspannungsnetzen interessiert die Fragestellung, wie viel Leistung durch – in der Niederspannung angeschlossene – Photovoltaikanlagen über die Ortsnetzstationen in die Mittelspannung zurückgespeist wird, bei gleichzeitiger Einspeisung durch Windkraftanlagen, die direkt in der Mittelspannung angeschlossen sind. Nicht immer liegen bei dieser Untersuchung alle technischen Daten der Windkraftanlagen vor und nicht über jede Photovoltaikanlage liegen genaue Informationen über die Ausrichtung vor.

In der Projektplanung liegen in der Regel alle Informationen zur Anlage vor. Sind die Daten bereits vorhandener Anlagen nicht bekannt, so sollte stets von der kritischsten Konfiguration ausgegangen werden. Sollen in der Ausbauplanung von Mittelspannungsnetzen auch zukünftige potenzielle Windkraftanlagen mitberücksichtigt werden, so sollten folgende Annahmen getroffen werden:

- Die zukünftigen Windkraftanlagen besitzen eine steile Kennlinie.
- Die zukünftigen Windkraftanlagen haben die maximale Nabenhöhe.

Die Informationen können aus Datenblättern der Hersteller von aktuellen Modellen entnommen werden. Bei der Berücksichtigung der aus der Niederspannung zurückgespeisten Leistung sollte angenommen werden, dass alle Anlagen nach Süden ausgereichtet sind. Jedes Niederspannungsnetz würde dann den gleichen Verlauf haben und sich nur im Betrag der installierten Leistung unterscheiden. Alternativ könnten unterschiedliche Zeitprofile für jedes Niederspannungsnetz erstellt werden. Dazu könnte, beispielsweise aus Plänen oder aus Luftbildaufnahmen, eine dominante Ausrichtung der Dachflächen ermittelt und die Annahme getroffen werden, dass alle in diesem Niederspannungsnetz angeschlossenen Anlagen in die gleiche ermittelte Richtung ausgerichtet sind. Für jedes Niederspannungsnetz sind dann unterschiedliche Leistungsprofile vorhanden.

In der Grundsatzplanung kann für das zeitliche Verhalten der Photovoltaik ähnlich wie in der Ausbauplanung vorgegangen werden. Für die Berücksichtigung der Windkraftanlagen sollten auch Entwicklungen der Nabenhöhe und der Kennlinien berücksichtigt werden.

Der Zusammenhang zwischen der elektrischen Leistung von Windkraftanlagen und Photovoltaikanlagen ist in Abb. 6.3 dargestellt. Dabei liegen die kritischsten Annahmen zugrunde:

- Windkraftanlagen mit steiler Kennlinie und hoher Nabenhöhe sowie
- einheitlich nach Süden ausgerichtete Photovoltaikanlagen.

## 6.3 Anwendungsmöglichkeiten

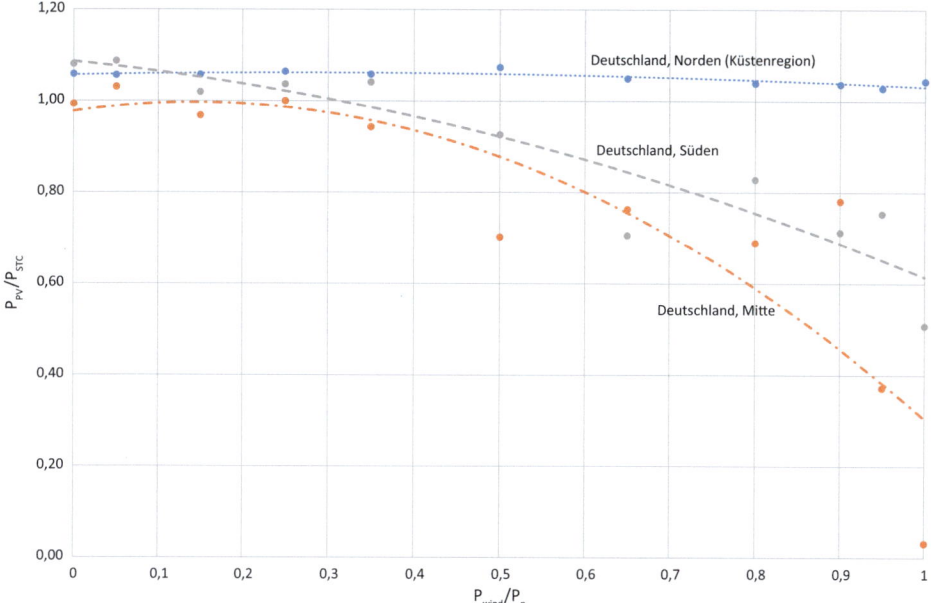

**Abb. 6.3** Zusammenhang der Leistung aus Windkraft und Photovoltaik für verschiedene Regionen

Besonders in der Küstenregion verläuft die Kurve der maximalen Leistungen horizontal. In der Küstenregion ist – auch bei klarem, sonnigem Wetter – zeitweise ausreichend Wind vorhanden, sodass beide Formen gleichzeitig mit maximaler Leistung einspeisen können.

Im Süden Deutschlands ist dieser Extremfall unwahrscheinlicher. Allerdings würden Photovoltaikanlagen bei maximaler Erzeugung aus Windkraft noch bis zu 60 % ihrer Leistung einspeisen können.

In der Mitte Deutschlands fällt die Kurve steiler. Mit zunehmender Leistung aus Windkraftanlagen wird die mögliche Leistung aus Photovoltaikanlgen deutlich geringer.

## 6.3 Anwendungsmöglichkeiten

In der Netzplanung wird zur Beschreibung des Unterschieds zwischen der gesamten Anschlussleistung und der tatsächlichen Leistung der *Gleichzeitigkeitsgrad g* mit

$$P = n \cdot g \cdot P_A \tag{6.1}$$

verwendet. Dabei handelt es sich um eine Erfahrungsgröße, die durch die Netzform und die Art der Verbraucher beeinflusst wird.

Wenn bekannt ist, dass in einem Netzgebiet Windkraftanlagen und Photovoltaikanlagen nicht gleichzeitig mit ihrer maximalen Leistung einspeisen können, wäre ein vergleichbarer Gleichzeitigkeitsfaktor

$$P_{\max} = g_{\text{PV}} \cdot P_{\text{PV}} + g_{\text{wind}} \cdot P_{\text{wind}} \tag{6.2}$$

hilfreich, um den Berechnungsaufwand zu minimieren. Der Einfluss einer einzelnen Anlage auf die gesamte Spannungsanhebung in einem Netz hängt jedoch von ihrer Größe, von der Länge und dem Querschnitt der Leitung ab, über die sie mit den anderen Knoten im Netz verbunden ist. Speisen in die einzelnen Abgänge eines Mittelspannungsnetzes Windkraftanlagen und Photovoltaikanlagen ein, so ist das Verhältnis installierter Leistung aus Windkraft zur installierten Leistung aus Photovoltaik stets unterschiedlich und somit auch der anzuwendende Gleichzeitigkeitsgrad. In einem Abgang, in dem gilt

$$P_{\text{wind}} \gg P_{PV} \tag{6.3}$$

wird sich der kritische Punkt in der Nähe von

$$g_{\text{wind}} \approx 1 \tag{6.4}$$

befinden und es ergibt sich der dazugehörige Gleichzeitigkeitsgrad für die Photovoltaik. In einem Abgang, in dem die installierte Leistung durch Photovoltaik dominant ist, verhält es sich genau umgekehrt.

▶ **Merke** Der anzuwendende Gleichzeitigkeitsgrad ist für jeden Abgang unterschiedlich, und abhängig von dem Verhältnis der installierten Leistungen von Windkraft und Photovoltaik.

Der Zusammenhang in Abb. 6.3 kann zur Findung der *maximalen Gesamtleistung* genutzt werden, indem die Werte der relativen Leistung mit der installierten Leistung multipliziert und die Produkte anschließend addiert werden. Die Summe kann anschließend über die relative Leistung für die Windkraft dargestellt werden.

Für einen Standort in der Mitte Deutschlands ist in Abb. 6.4 dargestellt, wie hoch die relative Gesamtleistung bei einer definierten Leistung der Windkraft und verschiedenen Anteilen der installierten Leistung aus Photovoltaik an der gesamten installierten Leistung maximal ist.

Ist der Anteil der Windkraft an der installierten Gesamtleistung groß, tritt die maximale Gesamtleistung auf, wenn die Windkraftanlagen viel Leistung erzeugen. Bei hohen Photovoltaikanteilen tritt das Maximum bei hohen Anlagenleistungen durch Photovoltaik auf.

Wie aus Abb. 6.4 ersichtlich ist, können bei bestimmten Kombinationen mehrere lokale Maxima auftreten. Beträgt der Anteil in diesem Beispiel 70 %, so werden bei 25 %

## 6.4 Beispiel zum Zusammenwirken von Photovoltaik und Windkraft

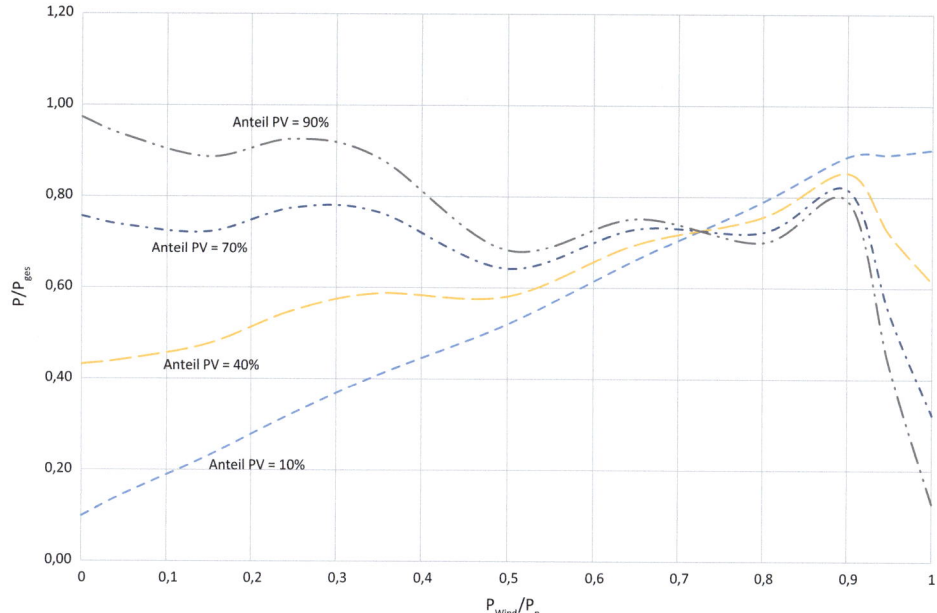

**Abb. 6.4** Maximale Gesamtleistung aus Photovoltaik und Windkraft

relativer Leistung aus Windkraft immer noch 100 % der installierten Leistung aus Photovoltaik erzeugt und 78 % der Gesamtleistung. Bei gleicher Anlagenkombination werden jedoch ebenfalls 80 % der Gesamtleistung erreicht, wenn Windkraftanlagen 90 % und die Photovoltaikanlagen 78 % ihrer installierten Leistung erzeugen.

Da jede einzelne Anlagenart durch ihre Größe und ihre elektrischen Entfernung einen unterschiedlichen Einfluss auf die Spannung hat, empfiehlt es sich, solche Kurven als Richtwert zu verwenden oder als Hilfe zur Auslegung der Transformatoren, an die die Anlagen angeschlossen sind.

Zur Überprüfung der Spannungen hingegen empfiehlt es sich, weiterhin mit Referenzprofilen zu rechnen, die nach Abschn. 4.2 und 5.6 ermittelt wurden.

### 6.4 Beispiel zum Zusammenwirken von Photovoltaik und Windkraft

**Beispiel**

In einer 110 kV/20 kV-Umspannstation in der Mitte Deutschlands werden zwei 20-MVA-Transformatoren betrieben. Beide Transformatoren haben die Nennleistung

$$S_{T1} = S_{T2} = 20\,\text{MVA}. \tag{6.5}$$

An das vom Transformator T1 versorgte Mittelspannungs- und weiter nachgelagerte Niederspannungsnetz sind Windkraftanlagen mit einer Nennwirkleistung

$$P_{\text{Wind T1}} = 21\,\text{MW} \tag{6.6}$$

und Photovoltaikanlagen mit einer Nennwirkleistung

$$P_{\text{PV T1}} = 4\,\text{MW} \tag{6.7}$$

angeschlossen.

Der Transformator T2 versorgt ein Mittelspannungsnetz, in dem Windkraftanlagen mit einer Nennwirkleistung

$$P_{\text{Wind T2}} = 3\,\text{MW} \tag{6.8}$$

angeschlossen sind. Im unterlagerten Niederspannungsnetz sind Photovoltaikanlagen mit einer Nennwirkleistung

$$P_{\text{PV T2}} = 19\,\text{MW} \tag{6.9}$$

angeschlossen.

Es sollen

a. die maximale Auslastung der beiden Transformatoren im regulären Betrieb,
b. die maximale Auslastung der beiden Transformatoren im Parallelbetrieb

untersucht werden.

**Lösung zu a):** Als Hilfsmittel dient die mittlere Kurve aus Abb. 6.3. In Abständen von 0,1 werden für jeden Arbeitspunkt der Windkraft die dazugehörigen maximalen Leistungen aus Photovoltaik abgelesen und mit den installierten Leistungen multipliziert. Für jeden Punkt wird zusätzlich die Summe gebildet.

Für den Transformator stellt sich eine maximale Belastung

$$P_{\text{max T1}} = 0{,}9 \cdot 21\,\text{MW} + 0{,}78 \cdot 4\,\text{MW} = 22\,\text{MW} \tag{6.10}$$

ein. Dies entspricht einer Auslastung des Transformators T1 von 110 %.

Auf die gleiche Weise wird für die Auslastung von Transformator T2 vorgegangen. Die maximale Gesamtleistung

$$P_{\text{max T2}} = 0{,}25 \cdot 3\,\text{MW} + 1 \cdot 19\,\text{MW} = 19{,}75\,\text{MW} \tag{6.11}$$

lastet den Transformator T2 zu 98,75 % aus.

**Lösung zu b):** Besitzen zwei Transformatoren:
- die gleiche Schaltgruppe,
- die gleiche Nennscheinleistung und
- die gleiche relative Kurzschlussspannung,

so kann im Parallelbetrieb die Leistung gleichmäßig auf beide Transformatoren aufgeteilt werden.

Es folgt:
$$S_{\text{T ges}} = S_{\text{T1}} + S_{\text{T2}} = 40\,\text{MVA}, \tag{6.12}$$

$$P_{\text{Wind Ges}} = P_{\text{Wind T1}} + P_{\text{Wind T2}} = 24\,\text{MW}, \tag{6.13}$$

$$P_{\text{PV Ges}} = P_{\text{PV T1}} + P_{\text{PV T2}} = 23\,\text{MW}. \tag{6.14}$$

Mit diesen Werten kann die Bewertung nach dem gleichen Verfahren wie für die einzelnen Transformatoren erfolgen.

Im Parallelbetrieb stellt sich die maximale Leistung

$$P_{\max\text{T2}} = 0{,}9 \cdot 24\,\text{MW} + 0{,}78 \cdot 23\,\text{MW} = 39{,}55\,\text{MW} \tag{6.15}$$

ein. Dabei werden beide Transformatoren zu 98,9 % ausgelastet.

## 6.5 Zusammenfassung zum Zusammenwirken von Photovoltaik und Windkraft

Wind ist eine indirekte Form der Sonnenenergie. Durch regionale Besonderheiten ergeben sich spezielle Abhängigkeiten der maximalen Leistung von Photovoltaik bei bestimmten Leistungen durch Windkraft. Diese Abhängigkeit kann durch eine Photovoltaik-Windkraft-Kennlinie abgebildet werden. Je steiler diese fällt, umso größer ist der Vorteil durch die Berücksichtigung von Erzeugungsprofilen.

Dafür werden neben den meteorologischen Daten auch Informationen über die Anlagen benötigt. Aus den Zeitreihen der Leistungen werden die Zusammenhänge ermittelt, indem für sämtliche Zeitpunkte die Leistung aus Photovoltaik über die Leistung aus Windkraft aufgetragen werden.

Bei zukünftigen Betrachtungen für eine Ausbau- oder Grundsatzplanung sind die Anlagen noch nicht bekannt. Dann empfiehlt sich die Annahme von Windkraftanlagen mit identisch steilen Kennlinien und einheitlicher maximaler Nabenhöhe. Für die Photovoltaik empfiehlt sich eine einheitliche Ausrichtung aller Anlagen nach Süden. Die Annahmen zur Photovoltaik können auch bei Untersuchungen zur aktuellen Situation genutzt werden, wenn die Unterscheidung jeder einzelnen Anlage einen zu großen Aufwand bedeutet.

Wie viel Leistung in Summe maximal auftritt, hängt von den Verhältnissen der installierten Leistungen durch Windkraftanlagen und Photovoltaikanlagen ab.

Außerdem ist zu berücksichtigen, dass für jeden Knoten der kritischste Zustand zu einem anderen Zeitpunkt eintreten kann. Daher sollte bei Netzberechnungen auf eine pauschale Annahme verzichtet werden. Vielmehr eignet sich diese Betrachtung für die Ermittlung benötigter Transformatorenleistung.

# Anwendungsbeispiel Auslastung von Transformatoren

7

Im folgenden Beispiel wird ein 110 kV/20 kV-Transformator hinsichtlich seiner Belastbarkeit untersucht.

Wie bereits in Abschn. 1.4 erläutert, stellt sich grundsätzlich die Frage, wann der Austausch eines Betriebsmittels sinnvoll erscheint. Werden an ein Netz Windkraftanlagen und Photovoltaikanalgen installiert, deren Nennleistung in Summe größer ist als die zur Verfügung stehende Transformatorenleistung, stehen verschiedene Handlungsoptionen zur Verfügung:

- Erhöhung der installierten Transformatorleistung durch zusätzliche Transformatoren.
- Erhöhung der installierten Transformatorenleistung durch Ersatz von mindestens einem Transformator gegen einen mit höherer Leistung.
- Unveränderte Transformatorenleistung und temporäre Leistungsbegrenzung der Erzeugungsanlagen.
- Kurzzeitiger Betrieb des Transformators oberhalb seines Bemessungsbetriebes.

Jede Handlungsoption hat ihre Vor- und Nachteile. Welche Handlungsoption vorzuziehen ist, ist in jedem einzelnen Fall neu abzuwägen.

Zusätzliche Transformatoren schaffen weitere Anschlusskapazitäten. Jedoch müssen umfangreiche zusätzliche technische Maßnahmen vorgenommen werden, wie beispielsweise die Anbindung an die 110 kV-Sammelschiene und die Anbindung an die 20 kV-Sammelschiene. Zusätzliche Transformatorenleistung kann ebenfalls durch zusätzliche Umspannstationen geschaffen werden. Diese Maßnahmen erfordern aufgrund ihres technischen und wirtschaftlichen Umfangs die Sicherheit, dass langfristig die zusätzliche Leistung auch benötigt wird. Dies stellt somit das äußerste Mittel dar.

Wird eine höhere Transformatorleistung durch den Tausch eines einzelnen Transformators gegen einen mit höherer Nennleistung erzielt, können Folgemaßnahmen ganz oder teilweise entfallen. Dies setzt voraus, dass alle anderen Systemkomponenten wie Kabel, Schalter oder Wandler für die höheren Strombelastungen geeignet sind. Wird an einer

Sammelschiene nur ein Transformator gegen einen anderen ersetzt, können die elektrischen Unterschiede so groß werden, dass ein Parallelbetrieb nicht mehr möglich ist. Dies führt zu zwei Nachteilen:

- Im parallelen Schaltzustand treten unzulässig hohe Ausgleichsströme auf, sodass ein unterbrechungsfreies Umschalten zwischen beiden Transformatoren nicht mehr möglich ist.
- Weiterhin können die Vorteile der Leistungsaufteilung auf beide Transformatoren nicht genutzt werden. Dies kann dazu führen, dass ein Transformator deutlich überlastet wird, während der andere in seinem unteren Lastbereich arbeitet. So kann sich der Tausch eines einzelnen Transformators unter Umständen nachteilig auswirken.

Wenn sich der langfristige Bedarf an Transformatorenleistung nicht sicher vorhersagen lässt, kann übergangsweise auf eine Erhöhung der Transformatorenleistung so lange verzichtet werden, bis ausreichende Planungssicherheit gegeben ist. Eine Möglichkeit ist das Erzeugungsmanagement. In Momenten, in denen Windkraftanlagen und/oder Photovoltaikanlagen mehr als die zur Verfügung stehende Leistung durch installierte Transformatoren erzeugen, kann durch aktives Eingreifen die Leistung einzelner Anlagen reduziert werden. Diese Option ist dann vorteilhaft, wenn die Wahrscheinlichkeit, von der Leistungsreduzierung Gebrauch machen zu müssen, als gering eingeschätzt wird. Anlagen größerer Leistung verfügen über diese Möglichkeit.

Wie in Abschn. 2.3 beschrieben, ist die *Betriebsmitteltemperatur* der begrenzende Parameter für die Strombelastbarkeit eines Betriebsmittels. Ist nur von einer kurzen Zeitspanne auszugehen, während der ein Transformator *oberhalb seiner Nennleistung* betrieben wird, kann diese nicht reichen, um den Transformator bis auf seine zulässigen Grenztemperaturen zu erwärmen. Besonders große Transformatoren besitzen hohe Massen an Öl und Eisen. Durch die damit verbundenen hohen Wärmekapazitäten kann es mehrere Stunden dauern, bis ein Transformator seine endgültige Temperatur erreicht. Diese Trägheit kann genutzt werden, um den Transformator temporär überlasten zu können. Dies erfordert im Vorfeld Untersuchungen, wie sie in diesem Beispiel durchgeführt werden. Grundlage für solche Untersuchungen sind Referenzprofile, die nach den vorgestellten Methoden in Abschn. 4.2 und 5.6 erstellt werden.

## 7.1 Verluste in Transformatoren

Die für die Erwärmung eines Transformators ursächliche Verlustleistung kann in

- lastunabhängige Leerlaufverluste und
- stromabhängige Kurzschlussverluste

unterteilt werden.

## 7.1 Verluste in Transformatoren

Die *lastunabhängigen Leerlaufverluste* entstehen durch die Ummagnetisierung metallischer Komponenten und durch Wirbelstromverluste in den metallischen Bauteilen. Diese Verluste entstehen, sobald eine Seite des Transformators mit einer Spannung versorgt wird. Es gilt:

$$P_o \sim U^2. \tag{7.1}$$

Die Leerlaufverluste eines Transformators werden durch den Hersteller angegeben. Bei gleicher Frequenz werden die Leerlaufverluste durch:

- die Auswahl des Kernmaterials,
- den Querschnitt des Eisenkerns und
- die Anordnung der Kernbleche

bestimmt. So existieren neben Standard-Elektroblechen bereits spezielle verlustarme Bleche. Der Eisenkern eines Transformators besteht in der Regel aus übereinander geschichteten Lagen von Elektroblechen. Die Anordnung der Bleche untereinander kann zu lokalen Erhöhungen der Flussdichte führen und damit zu einer erhöhten Verlustleistung [1].

Die Leerlaufverluste eines Transformators wachsen mit dessen Nennleistung. Für Ortsnetztransformatoren bis 630 kVA liegen die Leerlaufverluste in einer Größenordnung von 750 W. Bei Verteiltransformatoren bis 40 MVA können die Leerlaufverluste auch 20 kW betragen.

Neben den Leerlaufverlusten, die lastunabhängig auftreten, entstehen zusätzliche Verluste, die von der Last abhängig sind. Dabei handelt es sich im Wesentlichen um die Verluste, die in den stromdurchflossenen Komponenten entstehen. Die Wicklungen besitzen ohmsche Widerstände, die durch den Betrieb mit Wechselstrom größer sind als unter Gleichstrom. Verantwortlich dafür ist der Skine-Effekt, bei dem der Strom nicht den vollen Querschnitt des Leitermaterials nutzt. Die lastabhängigen Verluste werden $I^2$-*Verluste* oder auch Kupferverluste genannt. Weitere lastabhängige Verluste treten an Kontaktstellen und an den Durchführungen auf.

Durch den Streufluss des Transformators werden Wirbelströme auch in Komponenten erzeugt, die nicht stromdurchflossen sind. Es entstehen weitere Verluste, die einen Beitrag zur Erwärmung des Transformators leisten.

Alle lastabhängigen Verluste werden unter dem Begriff der Kurzschlussverluste $P_k$ zusammengefasst. Damit ist allerdings nicht gemeint, dass diese Verluste nur im Kurzschlussfall auftreten. Der Begriff hängt mit dem messtechnischen Verfahren zusammen, mit dem die Verluste ermittelt werden.

▶ **Merke** Die Kurzschlussverluste wachsen mit dem Quadrat der zu übertragenden Leistung.

## 7.2 Belastbarkeit von ölgefüllten Transformatoren

Im Teil 7 der IEC 60076-7 „Loading guide for oil-immersed power transformers" [2] ist die Belastbarkeit von ölgefüllten Transformatoren festgelegt. Darin werden Transformatoren zunächst in drei unterschiedliche Leistungsklassen eingeteilt:

- Großtransformatoren größer 100 MVA,
- mittelgroße Transformatoren kleiner 100 MVA und größer 2,5 MVA,
- Verteilungstransformatoren bis 2,5 MVA Bemessungsscheinleistung.

Im vorliegenden Beispiel wird auf einen Transformator Bezug genommen, der der mittleren Klasse zuzuordnen ist.

Die Fragestellung der Belastbarkeit wird weiterhin unterschieden nach der Art der Belastung:

- Kurzzeitnotbetrieb,
- Langzeitnotbetrieb,
- normale zyklische Belastung,
- Dauerbelastung [2, 3].

Der *Kurzzeitnotbetrieb* erlaubt die Belastbarkeit eines mittleren Transformators bis zum 1,8-Fachen seiner Nennleistung unter der Voraussetzung, dass die *Heißpunkttemperatur* nicht auf einen Wert größer 160 °C ansteigt. Diese Betriebsart belastet den Transformator am stärksten und lässt die höchsten Temperaturen zu. Durch die hohen Temperaturen kann die Isolationsfähigkeit des Transformators beeinträchtigt werden. Der Kurzzeitnotbetrieb sollte nur bei außergewöhnlichen Ereignissen Anwendung finden und den Transformator nicht länger als 3 min belasten.

Der *Langzeitnotbetrieb* kann über mehrere Wochen andauern, wenn andere Systeme nicht zur Verfügung stehen. Im Notbetrieb über längere Zeit sind Belastungen bis zum 1,5-Fachen der Nennleistung zulässig, unter der Bedingung, dass die Heißpunkttemperatur einen Grenzwert von 140 °C einhält. Unter diesen Bedingungen ist keine Beeinträchtigung der Isolation zu erwarten. Die höheren Temperaturen über den längeren Zeitraum führen jedoch zu einer *schnelleren Alterung* des Transformators.

Bei der *normalen zyklischen Belastung* wird wie beim Langzeitnotbetrieb von Lastzyklen ausgegangen. Belastungen oberhalb der Nennscheinleistung wechseln sich mit Belastungen unterhalb der Nennscheinleistung ab. Dadurch wechseln sich Zeitintervalle ab, in denen sich der Transformator erwärmt und wieder abkühlt. Im Gegensatz zum Langzeitnotbetrieb wird bei der normalen zyklischen Belastung nicht davon ausgegangen, dass die höhere Belastung aufgrund eines Ausfalls anderer Betriebsmittel entsteht. Für die normale zyklische Belastung mittlerer Transformatoren sind Belastungen bis zum 1,5-Fachen der Nennleistung und eine Heißpunkttemperatur bis zu 140 °C zulässig. Bei dieser Betriebsart wird während der Belastung oberhalb der Nennleistung eine schnellere Alterung akzeptiert.

Die Dauerbelastung geht nicht von zyklischen Wechseln, sondern davon aus, dass unter einer konstanten Kühlmitteltemperatur bzw. Umgebungstemperatur Belastungen oberhalb der Nennleistung möglich sind, ohne dass es zu einer beschleunigten Alterung des Transformators kommt [1, 2, 3].

▶ **Merke** Für alle Betriebsarten sind die Grenzwerte für die Belastung und für die Temperaturen einzuhalten.

## 7.3 Beschreibung der Aufgabenstellung

In einem Netzgebiet in der Mitte Deutschlands wurde eine Analyse über das Potenzial an Leistung durchgeführt, welches durch Windkraft- und Photovoltaikanlagen zukünftig angeschlossen werden kann. Bereits angeschlossene Anlagen wurden dabei berücksichtigt. Im Ergebnis wurde ein Potenzial von

$$P_{\text{wind}} = 25\,\text{MW} \tag{7.2}$$

für Windkraftanlagen, die in der Mittelspannung angeschlossen werden würden, und

$$P_{\text{PV}} = 25\,\text{MW} \tag{7.3}$$

für Photovoltaikanlagen, die in der Niederspannung angeschlossen werden würden, ermittelt.

Im Umspannwerk steht ein Transformator mit einer Bemessungsscheinleistung

$$S_{\text{T}} = 31{,}5\,\text{MVA} \tag{7.4}$$

zur Verfügung. Es steht somit zunächst weniger Transformatorleistung zur Verfügung, als zukünftige Erzeugungsleistung in Summe.

Der Transformator besitzt die Kühlungsart *ONAN*. ONAN bedeutet, dass es sich um einen ölgefüllten und luftgekühlten Transformator handelt, bei dem der Umlauf des Öls im Inneren durch natürlichen Thermosiphonantrieb bewirkt wird und die äußere Luft sich durch natürliche Konvektion bewegt.

Für die Netzausbauplanung soll untersucht werden, ob die Transformatorleistung erhöht werden muss, um einen Anschluss des gesamten Anlagenpotenzials zu ermöglichen.

## 7.4 Beschreibung der Vorgehensweise

Ziel der Untersuchung ist es, eine Aussage darüber zu treffen, ob bei einem Anschluss aller möglichen Anlagen der Transformator thermisch überlastet wird oder nicht.

Die Untersuchung erfolgt gemäß dem „Loading guide for oil-immersed power transformers" (IEC 60046-7). Dabei werden die Temperaturen des Heißpunktes und der obersten Ölschicht durch ein Differenzgleichungsverfahren anhand der Umgebungstemperatur und des *Lastfaktors k* berechnet. Dieses Verfahren basiert auf einem System von Differenzialgleichungen, die über ein Differenzverfahren gelöst werden.

Dabei gilt:

- Kennwerte des Transformators zu den Übertemperaturen und Zeitkonstanten werden festgelegt.
- Die Temperaturberechnung erfolgt in gleichmäßigen Zeitabständen, die maximal der Hälfte der kleinsten Zeitkonstante entsprechen. Im vorliegenden Beispiel soll die Zeitkonstante der Wicklung 10 min betragen. Es werden Temperaturen im Abstand von 5 min berechnet.

Eingangsparameter sind die Umgebungstemperatur und der Lastfaktor

$$k = \frac{S}{S_n} \tag{7.5}$$

als Verhältnis der zu übertragenden Leistung zur Nennscheinleistung des Transformators. Eine thermische Überlastung ist dann ausgeschlossen, wenn gilt:

1. die berechnete Temperatur der obersten Ölschicht ist zu keinem Zeitpunkt größer oder gleich 105 °C,
2. die berechnete Heißpunkttemperatur ist zu keinem Zeitpunkt größer oder gleich 140 °C,
3. der Lastfaktor $k$ ist zu keinem Zeitpunkt größer oder gleich 1,5.

Die Vorgehensweise lässt sich folgendermaßen kurz zusammenfassen:

1. Bestimmung der Transformatorkennwerte,
2. Festlegung der Annahmen zur erzeugten Leistung und zur Last,
3. Ermittlung der Zeitreihen für die Belastung des Transformators,
4. Ermittlung der Zeitreihen für die Umgebungstemperatur,
5. Durchführung der Temperaturberechnung,
6. Auswertung der Temperaturberechnung.

## 7.5 Zu treffende Annahmen

Die durchzuführende Untersuchung soll unter Berücksichtigung von Erzeugungsprofilen erfolgen. Um unter dieser Voraussetzung ausreichende Sicherheit zu haben, werden folgende Annahmen und Festlegungen getroffen:

## 7.5 Zu treffende Annahmen

- Es werden Windkraftanlagen mit gleicher Kennlinie und einheitlicher Nabenhöhe angenommen. Dies beinhaltet auch den Fall, dass bereits vorhandene Anlagen perspektivisch durch Anlagen mit mehr Volllaststunden ersetzt werden.
- Es wird angenommen, dass sämtliche Photovoltaikanlagen mit ihrer gesamten leistungserzeugenden Fläche nach Süden ausgerichtet und um 35° angewinkelt sind. Dadurch wird zusätzliche Sicherheit geschaffen, da sich in der Praxis auch Anteile der Leistung auf andere ungünstigere Richtungen aufteilen würden (vgl. Abschn. 4.6).
- Weiter wird angenommen, dass die Modultemperatur entsprechend den STC konstant bleibt. Eine Erwärmung durch die Umgebungstemperatur und Einstrahlung (siehe Abschn. 4.2) wird nicht angenommen. Da sich eine Temperaturerhöhung leistungsmindernd auswirkt, wird hierdurch weitere Sicherheit gegeben.
- Alle Photovoltaikmodule werden als ideal angenommen. Leistungsminderungen durch Verschattung, Staubbelag, Mismatching oder Trackingverluste bleiben unberücksichtigt.

▶ **Merke** Annahmen sollten so getroffen werden, dass eventuelle Fehler sich zugunsten einer höheren Sicherheit auswirken.

Für diese Anwendung bleibt die Last unberücksichtigt. Eine solche Entscheidung muss *für jeden Fall individuell* getroffen werden. Die Last kann mehrere Auswirkungen haben, die sich teilweise auch überlagern können:

- Die Last kann den Transformator entlasten, da sich die erzeugte Leistung im Netz in Anteilen an den Entnahmestellen verbraucht. Dadurch wird der Betrag der zu übertragenden Leistung reduziert.
- Die durch Last bedingte, zu übertragende Leistung stellt eine Vorbelastung dar, die den Transformator bereits erwärmt, bevor hohe Leistungsspitzen durch Erzeugungsanlagen auftreten.

▶ **Merke** Die Berücksichtigung der Last kann sich abhängig vom zu untersuchenden Fall entweder als die Berechnung verschärfend oder als die Berechnung begünstigend auswirken. Im Zweifelsfall müssen beide Fälle betrachtet werden.

Im vorliegenden Beispiel ist die angenommene installierte Leistung durch Windkraftanlagen und Photovoltaikanlagen deutlich größer als die anzunehmende maximale Last. Da sich die Verluste entsprechend Abschn. 7.1 proportional zum Quadrat der zu übertragenden Leistung verhalten, ist die absolute Höhe der Leistung einer eventuellen Vorbelastung überlegen.

Außerdem wird unterstellt, dass alle anderen Systemkomponenten wie Kabel, Schalter und Wandler bereits überprüft wurden und die sich ergebende Leistung in ihrem üblichen Arbeitsbereich übertragen können.

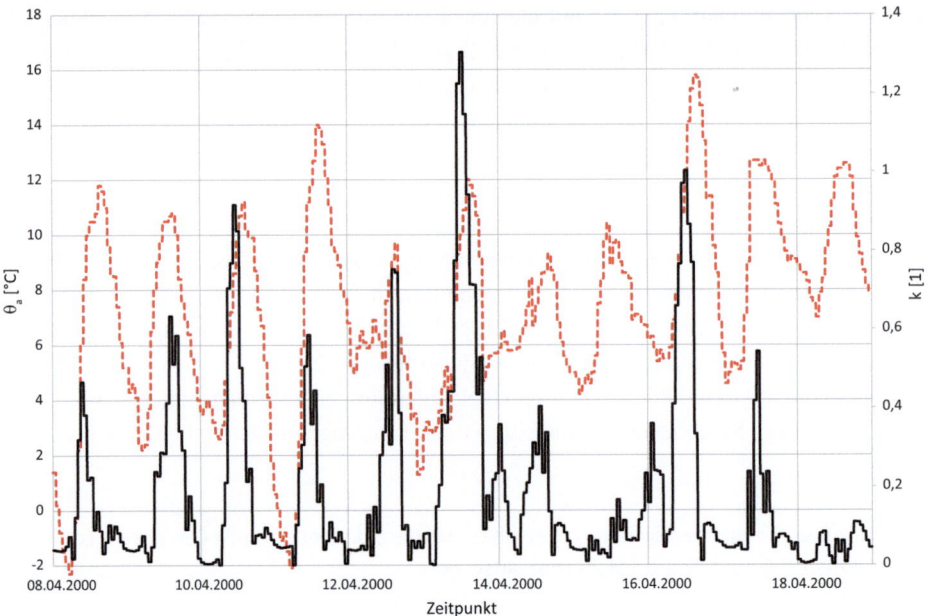

**Abb. 7.1** Eingangsparameter Lastfaktor und Umgebungstemperatur

## 7.6 Eingangsparameter

Entsprechend Abschn. 7.5 werden Zeitreihen über ein gesamtes Referenzjahr für den Lastfaktor und die Umgebungstemperatur generiert.

Wie den Ergebnissen in Abschn. 7.7 zu entnehmen ist wird der Transformator insbesondere in den Aprilwochen stark erwärmt. In diesem Zeitraum führt die Kombination aus der erzeugten Leistung aus Windkraftanlagen und Photovoltaikanlagen auf der einen Seite und aus der Umgebungstemperatur zu den kritischsten Bedingungen.

In Abb. 7.1 sind die Eingangsparameter Lastfaktor als durchgehende Kurve und Umgebungstemperatur als gestrichelte Kurve grafisch dargestellt.

## 7.7 Ergebnisse der Temperaturberechnung

Aus den Eingangsparametern werden die Temperatur der obersten Ölschicht, die Heißpunkttemperatur und der Belastungsfaktor berechnet.

Die Berechnungen führen zu folgenden Ergebnissen:
Der maximale Überstromfaktor beträgt

$$k_{\max} = 1{,}3 \tag{7.6}$$

und erfüllt somit die Bedingung des „Loading guides for oil-immersed power transformerns":

$$k \leq 1{,}5. \tag{7.7}$$

Die maximale Temperatur der obersten Ölschicht beträgt

$$\theta_{o\,max} = 70\,°C \tag{7.8}$$

und hält den vorgegeben Grenzwert von

$$\theta_o \leq 105\,°C \tag{7.9}$$

ein.

Die Heißpunkttemperatur erreicht maximal

$$\theta_h \leq 108\,°C \tag{7.10}$$

und befindet sich unterhalb des zulässigen Temperaturgrenzwertes von

$$\theta_h \leq 140\,°C. \tag{7.11}$$

▶   Ergebnis: Der Transformator hält auch unter den kritischen Annahmen seine vorgegebenen Grenzwerte zur Überlastung und Temperatur ein.

Dabei können die maximalen Werte zeitlich auseinander liegen. Dies ist auf die unterschiedlichen Wärmekapazitäten zurückzuführen.

In Abb. 7.2 sind die Temperaturen des Heißpunktes (obere Kurve) und der obersten Ölschicht (untere Kurve) in ihrem zeitlichen Verlauf dargestellt. Die Werte beziehen sich auf die Eingangsparameter aus Abb. 7.1.

Wie zu erkennen ist, reagieren die Temperaturen träge, was an der Wärmekapazität liegt. Dabei verläuft die Temperatur des Öls weniger sensitiv als die des Heißpunktes.

## 7.8  Weitere Überlegungen zur Auslastung des Transformators

Die durchgeführten Berechnungen dienen der Überprüfung der Grundvoraussetzungen. Damit eine Entscheidung zwischen den in Kap. 7 erwähnten Alternativen getroffen werden kann, sind weitere Kriterien einzubeziehen.

Die höheren Temperaturen führen zu einer beschleunigten Alterung. Das im Transformator eingesetzte Isolierpapier und der eingesetzte Pressspan bestehen aus Zellulose. Bei ca. 90 °C setzt ein *Depolymerisationsprozess* ein. In Diagnoseverfahren ist der Grad der Restpolymerisation ein wichtiger Indikator zur Zustandsbewertung der Isolation. Bei einer Temperaturerhöhung von 6 K altert eine Öl-Feststoff-Isolation ungefähr doppelt so

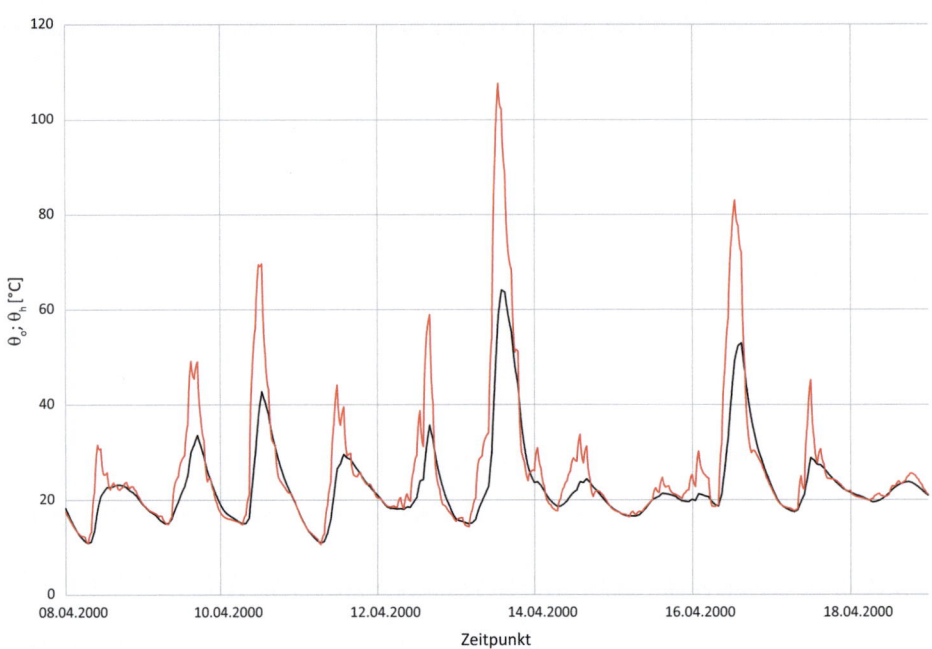

**Abb. 7.2** Berechnete Temperaturen der obersten Ölschicht und des Heißpunktes

schnell. Der Lebensdauerverbrauch lässt sich relativ bewerten. Dabei wird die Lebensdauer bezogen auf eine Lebensdauer von 18 Jahren bei einer Temperatur des Zellstoffes von 98 °C.

Ist die Temperatur geringer, verlängert sich die Lebensdauer; ist die Temperatur höher, verkürzt sie sich entsprechend.

Der Lebensdauerverbrauch $V$ kann über die Heißpunkttemperatur mit

$$V = 2^{(\theta_h - 98)/6} \tag{7.12}$$

berechnet werden.

Es gilt also, abzuwägen, ob durch die Überlastung der vorzeitige altersbedingte Ersatz des Transformators gegenüber einer Neuanschaffung eines Transformators mit geringerer Alterung unwirtschaftlicher ist.

## 7.9 Zusammenfassung zum Anwendungsbeispiel zur Auslastung eines ölgefüllten Transformators

In Transformatoren entstehen sowohl im Leerlauf als auch unter Belastung Verluste, die zu einer Erwärmung des Transformators führen. Die Temperaturen im Transformator reagieren mit einer gewissen Trägheit auf Belastungsänderungen. Dafür sind die Wärmekapazitäten der Komponenten im Transformator verantwortlich.

Bei einem dauerhaften Betrieb mit gleicher Belastung stellen sich nach einer gewissen Zeit konstante Temperaturen ein. Die geltenden Temperaturgrenzen werden im Dauerbetrieb bei Belastungen bis zum Nennbereich des Transformators eingehalten.

Belastungen oberhalb des Nennbetriebes sind möglich, wenn

- die Heißpunkttemperatur,
- die Öltemperatur

Grenzwerte einhalten.

Belastungen oberhalb der Nennleistung werden

- dem Kurzzeitnotbetrieb,
- dem Langzeitnotbetrieb,
- der normalen zyklischen Belastung oder
- der Dauerbelastung

zugeordnet.

Für alle Belastungsarten gelten unterschiedliche Grenzwerte.

Übersteigt in einem Netz, das von einem Transformator versorgt wird, die gesamte installierte Leistung die Nennleistung des Transformators, so kann überprüft werden, ob eine kurzzeitige Überlastung möglich ist. Sie ist dann möglich, wenn die Dauer der Überbelastung so gering ist, dass die Grenztemperaturen nicht erreicht werden und sich vor Eintritt der Überbelastung durch die Vorbelastung die Temperaturen in einem geeigneten Niveau befinden.

Die Überprüfung erfolgt durch die Berechnung der Heißpunkt- und Öltemperaturen. Zur Anwendung kommt die normale zyklische Belastung. Für die Berechnung der Temperaturen werden zeitliche Profile der Belastung und der Umgebungstemperatur benötigt. Dabei gilt es, zu beachten, dass

- eine Überlastung des Transformators zu einer schnelleren Alterung führt und
- eine Verletzung der Grenztemperaturen den Transformator schädigt.

> Eine Berücksichtigung der Last kann das Ergebnis auf zwei Weisen beeinflussen. Die Last hebt Anteile der eingespeisten Leistung auf und entlastet den Transformator oder sie stellt zu Zeitpunkten geringer Einspeisung durch Windkraft oder Photovoltaikanlagen eine kritische Vorbelastung dar. Eine pauschale Aussage, ob eine Berücksichtigung der Last kritischer oder unkritischer ist, kann daher nicht getroffen werden.

## Literatur

1. Vosen H (1997) Kühlung und Belastbarkeit von Transformatoren. VDE, Berlin Offenbach
2. DKE Deutsche Kommission Elektrotechnik Elektronik Informationstechnik im DIN und VDE (2008) Leistungstransformatoren – Teil 7: Leitfaden für die Belastung von ölgefüllten Leistungstransformatoren (IEC 60076-7:2005). VDE, Berlin
3. Schlabbach J, Metz D (2005) Netzsystemtechnik. VDE, Berlin Offenbach

# Anwendungsbeispiel zur Weitbereichsregelung 8

Im vorliegenden Beispiel soll gezeigt werden, wie eine Netzberechnung mithilfe von Erzeugungsprofilen bei der Planung einer *Weitbereichsregelung* eingesetzt werden kann.

Werden in einem Netz die definierten Spannungsgrenzen verletzt, stehen unterschiedliche Lösungsmethoden zur Verfügung. Die umfangreichste ist eine Netzverstärkung, bei der Leitungsquerschnitte erhöht oder zusätzliche Umspannstationen installiert werden. Beide führen zu einer Verringerung der Längsimpedanzen. Nicht immer sind solche Maßnahmen sofort umsetzbar oder es liegt keine ausreichende Planungssicherheit vor, die die Maßnahme rechtfertigt.

Wird ein Netzausbau durchgeführt, so reicht in der Regel eine rechnerische Überprüfung der Grenzwerte durch konventionelle Annahmen. Werden bei maximaler Lastentnahme und keiner Einspeisung durch Windkraftanlagen oder Photovoltaikanlagen an allen Knoten im Netz die unteren Spannungsgrenzen weder unterschritten, noch bei der Annahme einer maximalen Einspeisung durch Windkraftanlagen und Photovoltaikanlagen – bei keiner gleichzeitigen Lastentnahme – die oberen Spannungsgrenzen überschritten, so werden die Spannungsgrenzen auch bei allen anderen gemischten Entnahme- und Einspeisezuständen eingehalten.

Alternativ zum Netzausbau stehen unterschiedliche Alternativen zur Verfügung, die die Spannung beeinflussen. Für die Wahl der geeignetsten Lösung sollten die Lösungen miteinander daraufhin verglichen werden, wie wirksam sie sind und welche technischen wie wirtschaftlichen Vor- und Nachteile sie besitzen. Dabei können Erzeugungsprofile aus folgenden Gründen hilfreich sein:

- Ob eine intensive Maßnahme gerechtfertigt ist, hängt von der Wahrscheinlichkeit einer Verletzung der Spannungsgrenzen ab.
- Ob sich eine Maßnahme wirklich als vorteilhaft erweist, ist auch davon abhängig, ob sie bei allen Last- und Einspeisezuständen gleichermaßen zielführend ist.

Wird eine tatsächliche Verletzung des Spannungsbandes als sehr unwahrscheinlich bewertet, sollten leicht verfügbare und leicht umsetzbare Lösungen favorisiert werden. Kommt die Berechnung mithilfe von Erzeugungsprofilen zu dem Ergebnis keiner oder einer äußerst unwahrscheinlichen Verletzung des Spannungsbandes, so kann eventuell auf eine Maßnahme gänzlich verzichtet werden und die Möglichkeit der Leistungsreduzierung durch Einspeisemanagement als Rückfallebene dienen.

Kommt es nur an einzelnen Knoten zu einer Verletzung des oberen Grenzwertes der Spannung, kann die Option der *Blindleistungskompensation* genutzt werden. Da sich durch den Blindleistungsbezug die zu übertragende Scheinleistung erhöht, führt dies zu einer höheren thermischen Belastbarkeit der Betriebsmittel.

Der Einsatz *regelbarer Ortsnetztransformatoren* erlaubt eine Entkopplung der Grenzwerte der Mittelspannung von den Grenzwerten der Niederspannung. In beiden Netzebenen steht dann ein größeres Spannungsband zur Verfügung. Dabei muss berücksichtigt werden, dass an mehreren Stellen im Netz regelbare Ortsnetztransformatoren eingesetzt werden müssen und dadurch an entsprechenden Stellen auch konventionelle Ortsnetztransformatoren nicht weiter eingesetzt werden können, obwohl sie noch lange nicht ihre technische Nutzungsdauer erreicht haben. Diese Möglichkeit kann sich dann als vorteilhaft erweisen, wenn nur über einen geringen Anteil der Leistungslänge Spannungsprobleme zu erwarten sind.

Die Weitbereichsregelung nutzt die *bereits vorhandene* Technik, die in den Transformatoren der HS/MS-Umspannstation eingesetzt wird. Sie erfordert nicht zwingend den Einsatz weiterer Betriebsmittel. Dafür erfordert ihre Planung und Überprüfung zur Machbarkeit umfangreiche Untersuchungen und Berechnungen. Die Weitbereichsregelung passt die Sollspannung in der Mittelspannung dem Netzzustand an. Wenn die Spannung im Netz durch hohe Leistungen an Einspeisungen ansteigt, wird die Sollspannung niedriger als die übliche Sollspannung eingestellt. Dadurch verringert sich das Spannungsniveau im gesamten Netz und die Spannungsgrenzen werden eingehalten. Verringert sich die eingespeiste Leistung oder verteilt sich die eingespeiste Leistung durch Lastentnahme, wird die Spannungsanhebung geringer und die Sollspannung kann wieder auf ihren ursprünglichen Wert eingestellt werden.

## 8.1 Direkte Spannungseinstellung von Transformatoren

Transformatoren, die eingesetzt werden, um die Hochspannung auf die Mittelspannung zu transformieren, besitzen *relative Kurzschlussspannungen* im zweistelligen Prozentbereich. Die Kurzschlussspannung ist ein Maß dafür, wie stark die Spannung an der Sekundärklemme bei Nennstrom gegenüber der Leerlaufspannung fällt. Sie wird messtechnisch bestimmt, indem bei kurzgeschlossenen Sekundärklemmen die Primärspannung auf einen Wert eingestellt wird, bei dem der Nennstrom fließt. Die eingestellte Spannung wird auf die Nennspannung bezogen und als prozentuales Verhältnis $u_k$ in den technischen Daten des Transformators angegeben.

Befindet sich der Transformator im Betrieb innerhalb seiner Nennlast, so nimmt der Längsspannungsfall entlang des Transformators den Wert der Kurzschlussspannung an. Zusätzlich unterliegt auch die Eingangsspannung einer gewissen Schwankung.

Um die Ausgangsspannung in einem konstanten Bereich zu halten, besitzen Transformatoren Stufenschalter zur direkten Spannungseinstellung. Dieser Stufenschalter kann unter Last zwischen einzelnen Anzapfungen umschalten. Dazu wird eine Wicklung unterteilt und die einzelnen Enden mit dem Stufenschalter verbunden. So stehen dem Stufenschalter unterschiedliche Windungszahlen einer Wicklung zur Verfügung. Da die Umschaltung nur auf einer Spannungsseite erfolgt, während die andere unverändert bleibt, ändert sich dadurch das Übersetzungsverhältnis des Transformators

$$\ddot{u} = \frac{w_1 + \Delta w_1}{w_2} \tag{8.1}$$

als Verhältnis der Windungszahlen [1].

In der Regel erfolgt die Umschaltung auf der Oberspannungsseite, da

- die Umschaltung einer hohen Spannung mit einem kleineren Strom auf der Oberspannungsseite elektrisch einfacher zu beherrschen ist als eine Umschaltung bei einer geringeren Spannung mit höheren Strömen und
- die Oberspannungswicklung in der Regel die äußere eines Schenkels ist und dadurch leichter zugänglich.

Abhängig vom jeweiligen Transformator können durch den Einsatz von Stufenschalter Stellbereiche bis zu ± 22 % realisiert werden.

## 8.2 Anforderungen an eine Weitbereichsregelung

Eine Änderung der Ausgangsspannung wirkt sich auf das gesamte durch den Transformator versorgte Netz aus. Da in jedem einzelnen Abgang die Verhältnisse von eingespeister Leistung zu entnommener Leistung unterschiedlich sein können, sind die Spannungsverläufe entlang der jeweiligen Abgänge auch unterschiedlich. In einem Abgang kann die Spannung durch hohe Lastnahme sinken, während gleichzeitig in einem anderen Abgang die Spannung durch hohe Einspeiseleistung ansteigt. Es könnte also das Risiko existieren, dass in so einer Situation eine Veränderung der Sollspannung dazu führt, dass in einem der Abgänge die Spannungsgrenze verletzt wird. Daher ist eine gewisse Homogenität der Spannungsverhältnisse Voraussetzung. Der Unterschied zu einem Zeitpunkt $t$ zwischen der maximalen Spannung $U_{\max}(t)$ und der minimalen Spannung $U_{\min}(t)$

$$U_s(t) = U_{\max}(t) - U_{\min}(t) \tag{8.2}$$

wird definiert als Spannungsspreizung [2]. Die Spannungsspreizung darf nicht größer sein als der Unterschied zwischen den allgemeinen zulässigen Grenzwerten der Spannung.

Eine Verringerung der Sollspannung hat noch weitere Auswirkungen, die es zu überprüfen gilt. Die Scheinleistung ist definiert als Produkt aus Strom und Spannung. Ist die Spannung geringer, so steigt der Strom an. Die Betriebsmittel werden stärker thermisch belastet. Eine Überlastung durch zu hohe Ströme darf nicht dazu führen, dass die Betriebsmittel unzulässig hohe Temperaturen erreichen. Zusätzlich erhöht ein höherer Strom den Spannungsfall bzw. die Spannungsanhebung. Es kann also nicht zwingend davon ausgegangen werden, dass eine Spannungsveränderung um einen bestimmten Betrag an der Mittelspannungssammelschiene eine Veränderung vom gleichen Betrag am Leitungsende bedeutet. Werden bei einer Berechnung mit der regulären Spannung Grenzwertverletzungen festgestellt, so muss die Berechnung mit dem neuen Spannungswert erneut durchgeführt werden.

An die Regelung müssen ebenfalls Anforderungen gestellt werden. Sie muss so ausgeführt werden, dass immer die richtige Wahl der Spannungseinstellung erfolgt. Dafür stehen unterschiedliche Möglichkeiten zur Verfügung.

Die Spannung kann an bestimmten Punkten im Netz gemessen werden. Die Messwerte werden übertragen und ausgewertet. Auf Grundlage der gemessenen Werte erfolgt die Festlegung der Sollspannung. Diese Art der Regelung ist auf der einen Seite sehr sicher, erfordert auf der anderen Seite unter Umständen die Installation von Messstellen und eine Infrastruktur für die Messwertübertragung.

An ausgewählten Stellen im Netz können nicht nur die Spannung, sondern auch andere Größen wie Leistung oder Wirkleistungsfaktor gemessen und übertragen werden. Im Vergleich zum oben genannten Verfahren ist vor der Festlegung der Sollspannung jedoch ein Zwischenschritt erforderlich. Der Netzzustand muss zunächst auf Grundlage der gemessenen Größen geschätzt werden. Die Anzahl der Messstellen und der Kommunikationswege kann so reduziert werden.

Verhalten sich die Spannungen im Netz ausreichend homogen, so kann die in der Umspannstation bereits eingesetzte Messtechnik genutzt werden. Dabei werden von der vom Transformator übertragenen Leistung Rückschlüsse auf die Spannungen im Netz geschlossen. Es folgt eine Spannungsregelung $U(P)$. Sofern erforderlich, können auch andere Größen zur Regelung der Spannung genutzt werden, ähnlich dem oben genannten Verfahren.

Für alle Varianten sollte gelten, dass die Regelung so parametriert ist, dass möglichst wenige Umschaltungen nötig sind.

▶ **Merke** Die ideale Weitbereichsregelung

- ermöglicht die Einhaltung der Grenzwerte zur thermischen Belastung und zur Spannung,
- erfordert keine zusätzlichen Maßnahmen durch zusätzliche Mess- und Kommunikationstechnik und
- benötigt wenig Umschaltungen.

## 8.3 Beschreibung der Aufgabenstellung

Angenommen wird ein Mittelspannungsnetz, das über einen HS/MS-Transformator versorgt wird. Betrachtet werden fünf Abgänge, die über die Sammelschiene versorgt werden. In dem Mittelspannungsnetz befinden sich mehrere Windkraftanlagen. In den unterlagerten Niederspannungsnetzen sind hohe Leistungen durch Photovoltaikanlagen installiert. Dabei ist jeder Abgang über unterschiedliche Eigenschaften charakterisiert:

- Abgang 1: 11 km langes Kabelnetz, ohne Freileitungsanteil; installierte Leistung durch Windkraftanlagen in der Mittelspannung 2,5 MW, installierte Photovoltaik in den unterlagerten Niederspannungsnetzen 1,1 MW.
- Abgang 2: 12 km langes Freileitungsnetz; installierte Photovoltaik in den unterlagerten Niederspannungsnetzen 6 MW.
- Abgang 3: 11 km langes Kabelnetz, mit geringem Freileitungsanteil; installierte Leistung durch Windkraftanlagen in der Mittelspannung 5 MW, installierte Photovoltaik in den unterlagerten Niederspannungsnetzen 3 MW.
- Abgang 4: 11 km langes Freileitungsnetz, geringer Kabelanteil; installierte Photovoltaik in den unterlagerten Niederspannungsnetzen 0,5 MW.
- Abgang 5: 8 km langes Kabelnetz, ohne Freileitungsanteil; installierte Photovoltaik in den unterlagerten Niederspannungsnetzen 0,35 MW.

Es soll untersucht werden, ob durch die Windkraftanlagen in der Mittelspannung und die aus der Niederspannung rückspeisenden Anlagen die Spannungsgrenzen im Mittelspannungsnetz gefährdet werden und ob die Grenzwerte durch eine dynamische Anpassung der Sollspannung eingehalten werden können.

Weiter soll untersucht werden, ob für eine Weitbereichsregelung eine im Netz angesetzte Messung zwingend erforderlich ist oder ob die am Transformator resultierende Leistung ausreichend sichere Rückschlüsse auf die Spannungszustände im Netz zulässt.

## 8.4 Beschreibung der Vorgehensweise und Annahmen

Das methodische Vorgehen kann in die einzelnen Arbeitsschritte:

1. Erstellen des Modellnetzes und Aufbereitung der Leistungsprofile,
2. Berechnung der Ströme und Spannungen bei konventionellen Annahmen,
3. Berechnung der Ströme und Spannungen unter Berücksichtigung der Erzeugungsprofile bei ungeregelter Sollspannung für ein Referenzjahr,
4. Analyse der Spannungsverhältnisse,
5. Auswertung der Berechnung und Überprüfung der Abhängigkeit $U(P)$,
6. Definition einer Regelkennlinie,

7. Überprüfung der Regelung durch erneute Berechnung unter Berücksichtigung der Erzeugungsprofile

gegliedert werden.

Die ersten drei Arbeitsschritte lassen sich der *Problemerfassung* zuordnen, an die sich im vierten Schritt die *Analyse* anschließt. Die Arbeitsschritte 5–7 sind der *Problemlösung* zugehörig.

Für die Aufbereitung der Leistungsprofile werden für das Referenzjahr Zeitreihen der Windgeschwindigkeit benötigt. Zusätzlich werden die Daten Typ und Nabenhöhe der Windkraftanlagen erfasst. Für jede Nabenhöhe erfolgt die Umrechnung der Windgeschwindigkeit gemäß Abschn. 5.5. Für jede Windkraftanlage kann anschließend mit der Leistungskennlinie und der Windgeschwindigkeit in Nabenhöhe die erzeugte Leistung für jeden Zeitpunkt bestimmt werden.

Für jedes aus dem Mittelspannungsnetz versorgte Ortsnetz wird ebenfalls ein Profil erzeugt. Dabei handelt es sich um einen resultierenden Verlauf aus dem Unterschied zwischen erzeugter Leistung durch Photovoltaikanlagen und im Niederspannungsnetz verbrauchter Last. Um den Aufwand für die Berechnung gering zu halten, wird jedes Ortsnetz einer bestimmten Ausrichtung zugeordnet, in die der Großteil der Dachflächen zeigt. Für diese Ausrichtung und einem Höhenwinkel von 35° werden Einstrahlungsdaten herangezogen. Es erfolgt daraus die Berechnung der Leistung für jeden Zeitpunkt entsprechend Abschn. 4.2. Es wird von idealen Anlagen ausgegangen, deren Leistung nicht durch Abschattung, Mismatching oder Staubbelag reduziert werden kann. Das Zeitprofil für die Last wird durch Standardlastprofile und die Nennleistung der Transformatoren ermittelt. Dabei wird davon ausgegangen, dass die Last im Maximum 60 % der Transformatorleistung entspricht. Werden für jeden Zeitpunkt innerhalb eines Netzes die berechnete erzeugte Leistung und die berechnete Last überlagert, so steht aus der Sicht des Mittelspannungsnetzes an jedem Knoten ein spezifisches Profil. An diesen Knoten können Zeitpunkte mit hoher Einspeisung und Zeitpunkte mit Lastentnahme auftreten. Im Vergleich zu Abschn. 7.5 kann bei dieser Untersuchung die Last nicht vernachlässigt werden. Diese muss zur Einhaltung des Kriteriums der Spannungsspreizung zwingend berücksichtigt werden.

Die direkt im Mittelspannungsnetz angeschlossenen Windkraftanlagen erfüllen das 2 %-Kriterium.

Weiter wird angenommen, dass die Sollspannung zunächst jeden beliebigen Wert annehmen kann und dass in jedem Niederspannungsnetz die Spannungsbänder eingehalten werden.

Ziel der Untersuchung ist die Beantwortung der Fragenstellung, ob durch eine Anpassung der Sollspannung das 4 %-Kriterium in dem Mittelspannungsnetz eingehalten werden kann. Dazu müssen, neben den in der Mittelspannungsebene angeschlossenen Anlagen, auch die in den unterlagerten Netzen angeschlossenen Anlagen berücksichtigt werden.

## 8.5 Ergebnisse der Berechnungen ohne geregelte Sammelschienenspannung

Die Werte der Spannung beziehen sich auf die Sternspannung im Netz. Zur Einhaltung des Kriteriums darf die Spannung nicht kleiner als 11,09 kV und nicht höher als 12,01 kV werden.

Als erstes erfolgt die Berechnung mit konventionellen Annahmen. Dazu sind zwei Berechnungen zur Ermittlung der minimalen und der maximalen Spannung erforderlich. Zur Ermittlung der minimalen Spannung wird keine Einspeisung erzeugter Leistung durch Windkraftanlagen oder Photovoltaikanlagen angenommen. Dafür wird die jeweilige maximale Last an jedem Knoten angesetzt.

Es wird eine minimale Spannung von 11,35 kV ermittelt und die definierte untere Spannungsgrenze bleibt eingehalten.

Die Berechnung der maximalen Spannung erfolgt analog. Es wird keine Lastentnahme angenommen. Stattdessen wird angenommen, dass alle Anlagen in der Mittelspannung wie in der unterlagerten Niederspannung mit ihrer vollen Nennleistung am jeweiligen Knoten Leistung einspeisen. Unter diesen Bedingungen wird eine maximale Spannung von 12,12 kV ermittelt und die obere Spannungsgrenze verletzt.

Dadurch ist noch nicht eindeutig erwiesen, dass eine Anpassung der Sollspannung zwingend erforderlich ist. Es besteht durchaus die Möglichkeit, dass unter dieser Berücksichtigung der unterschiedlichen Profile keine Spannungsbandverletzung mehr eintritt. Folglich erfolgt die erneute Berechnung für das gesamte Referenzjahr.

In Abb. 8.1 sind die Spannungsverläufe für jeden Knoten dargestellt. Die erste Ziffer der Knotenbezeichnung steht für den Abgang an der Mittelspannungssammelschiene. Die letzte Ziffer steht für die Entnahmestelle entlang des Abgangs. So steht z. B. die Knotenbezeichnung 501 für die erste und der Sammelschiene am nächsten gelegene Entnahmestelle im Abgang 5.

Die oberste Kurve zeigt die über das gesamte Jahr höchste Spannung für jeden Knoten. Es ist zu erkennen, dass es im Abgang 2 und Abgang 3 zu Überschreitungen der maximal zulässigen Spannung kommt.

Die darunter liegende Kurve zeigt an, welche Spannung am jeweiligen Knoten zum Zeitpunkt der absolut höchsten Spannung vorliegt. Wie zu erkennen ist, folgt diese nur im Bereich des Abgangs 3 mit der Kurve der maximalen Spannung.

▶ Ergebnis: Die maximale Spannung tritt für jeden Knoten zu einem anderen Zeitpunkt auf.

Damit bestätigt sich – wie in Kap. 6 beschrieben – die Aussage, dass es nicht den einen kritischen Zeitpunkt innerhalb eines Netzes gibt.

Die darunter liegende Kurve beschreibt die Spannung zum Zeitpunkt der maximalen Spannungsspreizung und die unterste Kurve die über das gesamte Jahr betrachtete mini-

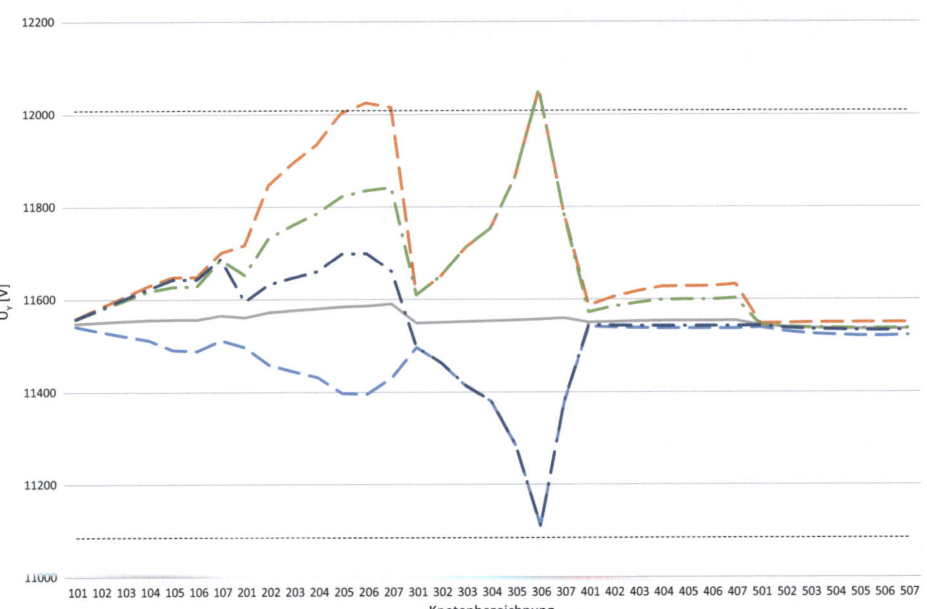

**Abb. 8.1** Spannungsverhältnisse ohne Weitbereichsregelung

malste Spannung eines jeden Netzknotens. Die maximale Spreizung

$$U_{s\max} = 0{,}59\,\text{kV} \tag{8.3}$$

erfüllt die erste Voraussetzung für eine Weitbereichsregelung. Weitere Betrachtungen sind notwendig.

Diese Auswertung alleine beantwortet noch nicht abschließend die Frage, inwieweit eine dynamische Sollspannung zur Einhaltung der Spannungsgrenzen geeignet ist. Aus den Kurven können jedoch weitere Informationen gewonnen werden. Zum Beispiel sind durch die Steigung der Kurven im Bereich des Abgangs 3 und durch die Tatsache, dass sowohl die absolut höchste und niedrigste Spannung im Netz jeweils am gleichen Knoten auftreten, wichtige Hinweise. Die Spannung in diesem Abgang reagiert sehr empfindlich. So könnte in diesem Abgang als Alternative zur Weitbereichsregelung eine Anpassung der Leitungsquerschnitte große Wirkung erzielen. Zunächst soll jedoch weiter untersucht werden, ob sich das Problem auch ohne Netzausbaumaßnahmen lösen lässt.

In Abb. 8.2 sind die Spannungen zum kritischsten Zeitpunkt als 3D-Diagramm dargestellt. Zu dem Zeitpunkt, an dem die höchste Spannung auftritt, besitzen alle Knoten ausreichend Abstand zur unteren Spannungsgrenze. Zumindest für diesen Netzzustand wäre daher eine Absenkung der Sammelschienenspannung zulässig. Theoretisch könnte auch der Fall eintreten, dass zu anderen Zeitpunkten ebenfalls Verletzungen des oberen Spannungsgrenzwertes auftreten, bei denen eine Anpassung der Sollspannung nicht mehr

## 8.6 Analyse und Entwurf einer $U_{soll}(P)$-Regelung

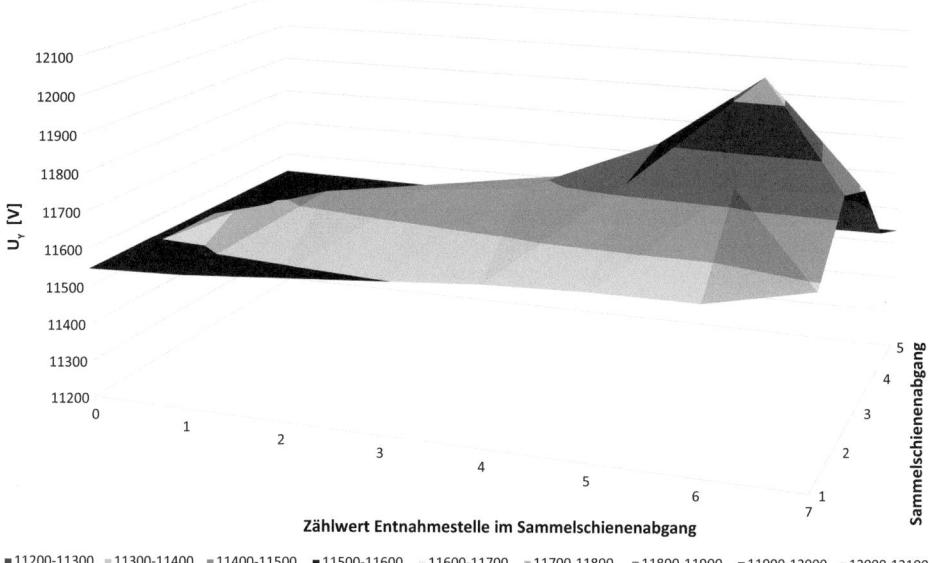

**Abb. 8.2** Spannungen zum kritischsten Zeitpunkt ohne Weitbereichsregelung

zulässig wäre. Da die maximale Spannungsspreizung zu keinem Zeitpunkt im Jahr, also auch nicht zu Zeitpunkten weiterer Spannungsüberschreitungen, größer ist als der Abstand zwischen den zulässigen Spannungswerten, kann dies ausgeschlossen werden.

## 8.6 Analyse und Entwurf einer $U_{soll}(P)$-Regelung

Die bisherigen Betrachtungen dienten der grundsätzlichen Überprüfung, ob die Voraussetzungen gegeben sind, die eine dynamische Anpassung der Sollspannung zulassen.

In den nächsten Schritten soll überprüft werden, nach welchem Verfahren die Spannung geregelt werden soll. Zwei Aspekte sind vorab zu überlegen:

- Welche Information wird zur richtigen Sollwertvorgabe benötigt?
- Welche Sollspannungsänderungen sollen vorgenommen werden?

Wie in Abschn. 8.2 beschrieben, wäre im Idealfall eine Regelung zur realisieren, bei der keine weiteren Maßnahmen durch *zusätzliche Mess- und Kommunikationstechnik* erforderlich wären. So folgt im ersten Ansatz eine Überprüfung, ob die am Transformator gemessene Wirkleistung ausreichend Rückschlüsse auf die Spannungsverhältnisse im Netz zulässt.

Die Vorgehensweise ist dabei in Abb. 8.3 zu erkennen. Zu jedem Zeitpunkt werden die minimale und maximale Spannung über der vom Transformator übertragenen Wirkleis-

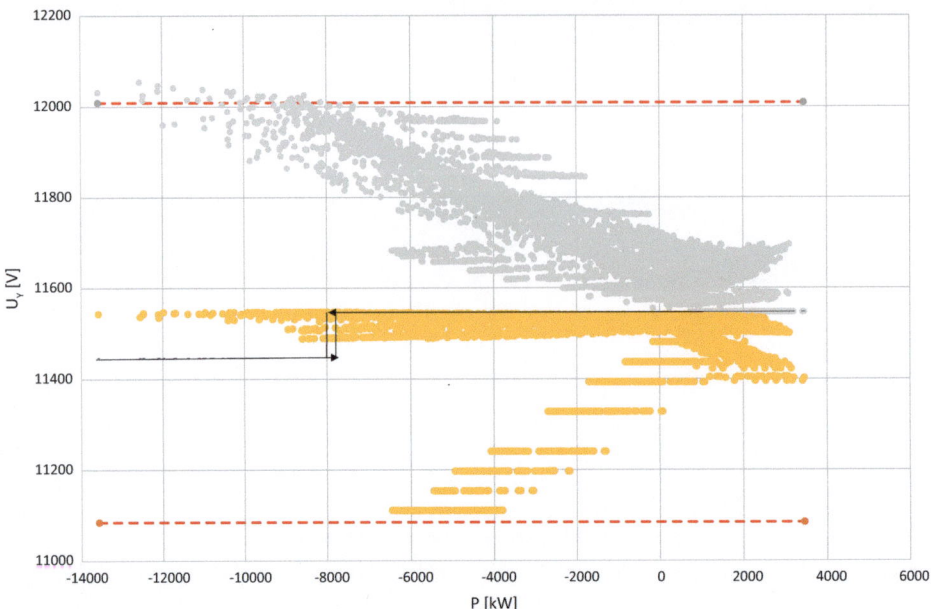

**Abb. 8.3** Spannungs-Leistungs-Diagramm ohne Weitbereichsregelung

tung aufgetragen. Es ist zu erkennen, dass die Verletzungen des oberen Spannungsbandes erst bei einer Wirkleistungsrückspeisung im Bereich von 8 MW und größer auftreten. Außerdem zeigt sich, dass bei geringeren Werten der Rückspeisungen punktuell auch niedrige Spannungen auftreten, bei denen eine Verringerung der Sollspannung eine Gefährdung des unteren Spannungsbandes bedeuten könnte. Da eine Spannungsanpassung nur im zuvor genannten Bereich notwendig ist, kann grundsätzlich die Anpassung anhand der Rückspeisung erfolgen.

Ergänzend müssen zwei weitere Anforderungen erfüllt werden:

- Die Spannung sollte rechtzeitig abgesenkt werden, um bei kurzfristigen Leistungserhöhungen ausreichend Reserve zu haben.
- Um ein häufiges Umschalten zu vermeiden, sollte eine Erhöhung auf die ursprüngliche Spannung erst erfolgen, wenn sich die Leistung wieder deutlich erhöht hat.

Ergebnis ist eine Hysterese.

Mithilfe der Hysteresefunktion kann ein Zeitprofil für die Sammelschienenspannung $U_{soll}(t)$ erstellt werden. Diese steht für die erneute Berechnung zur Verfügung.

## 8.7 Erneute Berechnung mit geregelter Sammelschienenspannung

Die in Abschn. 8.6 entworfene Regelung muss überprüft werden, da sich nicht alle Knotenspannungen um den gleichen Betrag ändern wie die Sammelschienenspannung. Außerdem berücksichtigt die in Abb. 8.3 gezeigte Regelung nicht die Dynamik der Leistungsänderung.

Es folgt die erneute Berechnung der Spannungen.

In Abb. 8.4 sind erneut die Spannungsverhältnisse dargestellt und können mit denjenigen in Abb. 8.1 verglichen werden. Dabei kann festgestellt werden, dass durch die Regelung keine Überschreitungen der oberen Spannungsgrenzen mehr auftreten. Ohne Regelung kam es in den Abgängen 2 und 3 zu Spannungsbandverletzungen.

Während der Absenkung der Sammelschienenspannung kommt es ebenfalls zu keiner Verletzung der unteren Spannungsgrenze.

Weiter kann die Regelung auch im $U(P)$-Diagramm überprüft werden.

In Abb. 8.5 ist die Wirkung der Regelung am Verlauf der minimalen Spannung zu erkennen. Dies kann mit dem Verlauf aus Abb. 8.3 verglichen werden.

In Abb. 8.6 sind die zeitlichen Verläufe der Wirkleistung am Transformator, die Sollspannung an der Sammelschiene und die maximale Knotenspannung im Netz zu erkennen. Am Anfang folgt die maximale Spannung dem Verlauf der Wirkleistung. Mit zunehmender Rückspeisung steigt die Spannung im Netz an. Wird der vorgegebene Grenzwert der

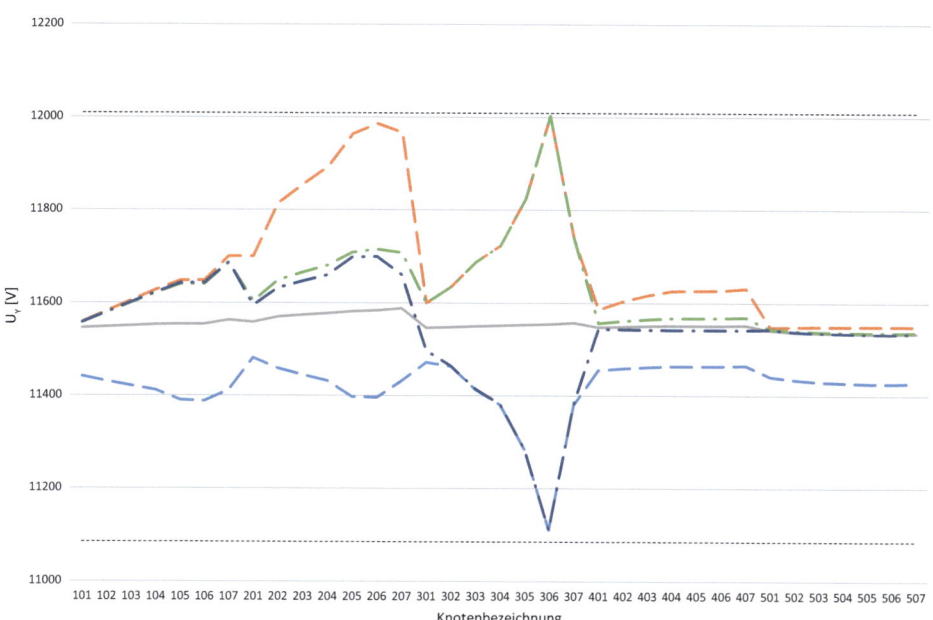

**Abb. 8.4** Spannungsverhältnisse mit Weitbereichsregelung

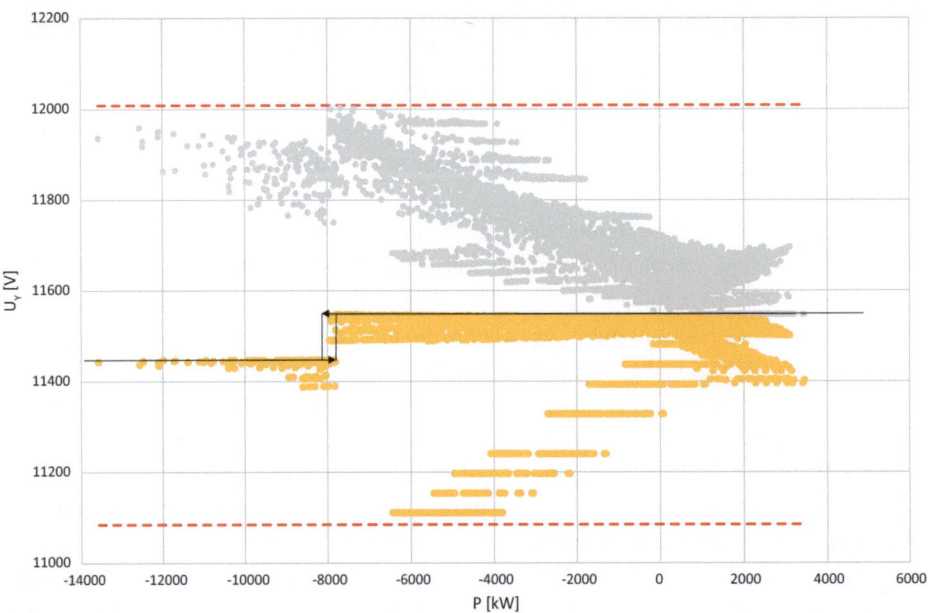

**Abb. 8.5** Spannungs-Leistungs-Diagramm mit Weitbereichsregelung

Wirkleistung um die Mittagszeit erreicht, sinkt die Sollspannung und die maximale Spannung im Netz steigt trotz zunehmender Rückspeisung in das Hochspannungsnetz nicht weiter an. Verringert sich die Rückspeisung, so wird die Sollspannung wieder auf ihren normalen Wert eingestellt.

## 8.8 Weitere Überlegungen zur Weitbereichsregelung

Im gezeigten Beispiel konnten durch eine leistungsabhängige Anpassung der Sammelschienenspannung Verletzungen der oberen Spannungsgrenzen vermieden werden. Die beispielhaft durchgeführten Berechnungen dienen zur Überprüfung einer *generellen Machbarkeit*. In der Praxis wären diese und evtl. weitere Fragestellungen zu beantworten:

- Wie empfindlich reagiert das System bei Abweichungen von den getroffenen Annahmen?
- Wie wirken sich Änderungen im Netz durch Umschaltungen oder durch Ausfälle von Betriebsmitteln aus?
- Welche zusätzlichen Möglichkeiten zur Beeinflussung der Spannungsqualität können genutzt werden?

## 8.8 Weitere Überlegungen zur Weitbereichsregelung

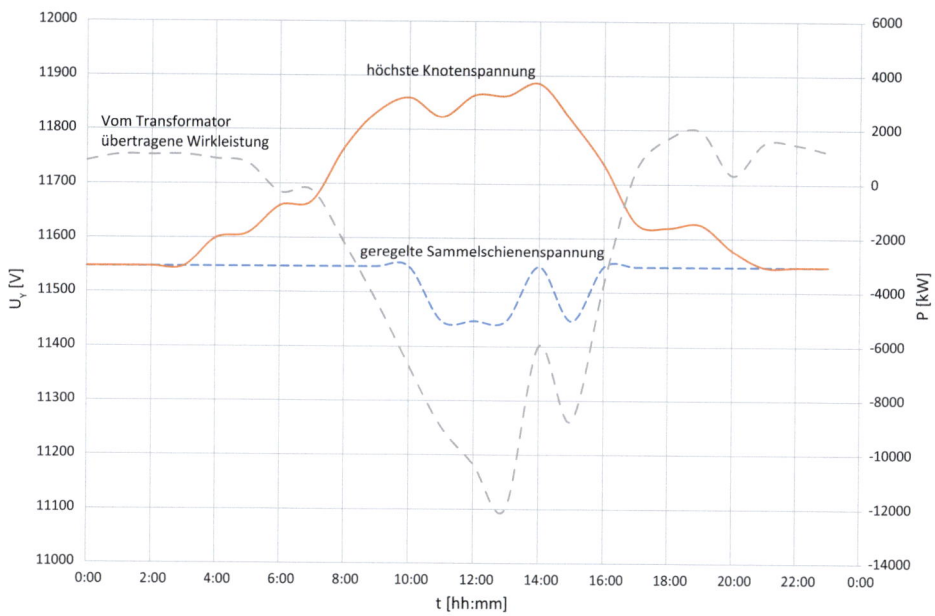

**Abb. 8.6** Leistungen und Spannungen im zeitlichen Verlauf

Im gezeigten Beispiel können durch die unterschiedlichen Eigenschaften der Abgänge zu einem Zeitpunkt sowohl sehr hohe als auch sehr niedrige Spannungen auftreten. Die Spannungsveränderungen entlang eines Abganges sind dabei abhängig vom Verhältnis von erzeugter Leistung zu entnommener Leistung. In einem Abgang kann beispielsweise zu Zeitpunkten hoher erzeugter Leistung durch Windkraft- oder Photovoltaikanlagen die Last einer zu hohen Spannungsanhebung entgegenwirken. Kann – beispielsweise durch den Ausfall eines Ortsnetzes – zeitweise keine Leistung entnommen werden, entfällt deren kompensierende Wirkung. Umgekehrt hilft die erzeugte Leistung in einem Abgang zu laststarken Zeitpunkten. Im Beispiel wurden ideale Anlagen angenommen. In der Realität sind die Anlagen nicht ideal und können zusätzlich zeitweise ausfallen bzw. nicht zur Verfügung stehen. Folglich sind weitere Überprüfungen mit geänderten Annahmen zur Erzeugung und Entnahme in kritischen Punkten notwendig und analog zu Abschn. 8.7 ergänzend durchzuführen.

Müssen im Netz Arbeiten durchgeführt werden oder fallen Betriebsmittel aus, werden Umschaltungen durchgeführt und Trennstellen verschoben. Dadurch ändern sich die Spannungsverhältnisse im Netz. Auch für diese Fälle muss überprüft werden, wie die Einhaltung der definierten Spannungsgrenzen sichergestellt ist.

Dies sind nur beispielhafte Überlegungen. Sie sollen zeigen, dass bei der theoretischen Betrachtung und Berechnung die praktischen Einflüsse nicht außer Acht gelassen werden dürfen.

## 8.9 Zusammenfassung zum Anwendungsbeispiel zur Weitbereichsregelung

Spannungsanhebungen können durch

- die in der Mittelspannung direkt angeschlossenen Windkraftanlagen und durch
- die im Niederspannungsnetz angeschlossenen und ins Mittelspannungsnetz rückspeisenden Photovoltaikanlagen

verursacht werden.

Zur Behebung des Spannungsproblems stehen unterschiedliche Lösungsmöglichkeiten zur Verfügung. Eine besondere Möglichkeit, die auch mit anderen Konzepten kombiniert werden kann, ist eine dynamische Anpassung der Sollspannung – auch Weitbereichsregelung genannt – an der Mittelspannungssammelschiene im Umspannwerk.

Dabei wird bereits vorhandene Primärtechnik eingesetzt. HS/MS-Transformatoren verfügen über eine direkte Spannungseinstellung, die durch eine Stufenschaltung realisiert wird. Der Stufenschalter kann auch unter Belastung zwischen einzelnen Anzapfungen der Oberspannungswicklung wählen und dadurch das Übersetzungsverhältnis verändern.

Der Ansatz besteht darin, durch eine Anpassung der Übersetzung mittels Stufenschalter eine Sollspannung an der Sammelschiene so einzustellen, dass trotz zusätzlicher Spannungsanhebung im Netz an allen Knoten die Spannungsgrenzen eingehalten werden können.

Unter anderem gilt es, Folgendes zu berücksichtigen:

- Eine niedrigere Spannung führt zu höheren Strömen und Verlusten. Eine thermische Überlastung der Betriebsmittel muss ausgeschlossen werden.
- Wird durch eine niedrigere Spannung eine Überschreitung der oberen Spannungsgrenze in einem Abgang verhindert, darf in anderen Abgängen dadurch nicht die untere Spannungsgrenze verletzt werden.

So müssen für alle Knoten im Netz Profile für Leistungen angenommen werden. Einspeisende Leistungen durch Windkraft- und Photovoltaikanlagen, die die Spannung anheben, als auch Lasten, die die Spannung senken, müssen gleichermaßen berücksichtigt werden.

Untersuchungen zur Weitbereichsregelung beinhalten auch Konzepte, nach welchen Vorgaben die Sollspannung an der Sammelschiene erfolgen soll. Es können mehrere Spannungsmessungen im Netz übertragen werden und eine Regelung durch die Spannung im Netz erfolgen. Auch die über den Transformator übertragende

Leistung kann zur Vorgabe der Sollspannung genutzt werden. Das setzt voraus, dass für jede Leistung nur Spannungen in einem bestimmten Bereich im Netz auftreten können. Dafür werden die mittels Profilen errechneten Spannungen über der Leistung aufgetragen.

Im vorliegenden Beispiel konnten folgende maximale Spannungen berechnet werden:

- Konventionelle Berechnung: Alle Anlagen speisen gleichzeitig mit voller Nennleistung ein und es wird keine Last entnommen:

$$U = 105\,\%. \tag{8.4}$$

- Berechnung unter Berücksichtigung von Erzeugungsprofilen ohne dynamische Sammelschienenspannung:

$$U = 104{,}5\,\%. \tag{8.5}$$

- Berechnung unter Berücksichtigung von Erzeugungsprofilen mit dynamischer Sammelschienenspannung:

$$U = 103\,\%. \tag{8.6}$$

Weiterhin zeigten sich am Transformator folgende Unterschiede in der Leistung bei Betrachtungen mit und ohne Berücksichtigung der Erzeugungsprofile und Lastprofile:

- Ohne Berücksichtigung von Einspeiseprofilen tritt die maximale Belastung auf bei reiner Last und ohne Einspeisung durch Windkraftanlagen oder Photovoltaikanlagen:

$$P_{\max} = 4{,}5\,\text{MW} \tag{8.7}$$

- Die minimale Leistung ist die negative Leistung, in die die gesamte installierte Leistung von Photovoltaikanlagen und Windkraftanlagen einfließt und die Last unberücksichtigt bleibt:

$$P_{\min} = 18{,}7\,\text{MW}. \tag{8.8}$$

- Unter Berücksichtigung von Erzeugungsprofilen und Profilen der Last beträgt die maximale Entnahme am HS/MS-Transformator:

$$P_{\max} = 3{,}4\,\text{MW}. \tag{8.9}$$

- Unter Berücksichtigung von Erzeugungsprofilen von Windkraftanlagen und Photovoltaikanlagen beträgt die maximale Rückspeisung von der Mittelspannung in das vorgelagerte Hochspannungsnetz:

$$P_{\min} = 13{,}6\,\text{MW}. \tag{8.10}$$

## Literatur

1. Heuck K, Dettmann K-D (2005) Elektrische Energieversorgung. Vieweg, Wiesbaden
2. Körner C, Ochsele F, Braun M, Probst A (2012) Leistungsabhängige Spannungsregelung im Mittelspannungsnetz

# Zusammenfassung 9

Die stetig wachsende Anzahl von Anlagen zur Stromerzeugung aus regenerativen Energiequellen – insbesondere Windkraftanlagen und Photovoltaikanlagen – muss in die *vorhandene Infrastruktur* der Stromverteilnetze eingebunden werden. Da historisch bedingt die vorhandenen Netze für andere Wege des Leistungsflusses geplant, gebaut und optimiert wurden, ist dies oft nur durch Anpassungen des Stromnetzes möglich. Die Anpassung der Netze soll im Idealfall technisch zuverlässig und wirtschaftlich erfolgen. Um dies zu erreichen sind bei der Integration einzelner Anlagen auch Überlegungen notwendig, ob ein umfangreicher Netzausbau langfristig günstiger erscheint als eine der Situation angepasste Netzoptimierung oder -verstärkung. Bei der Vielzahl möglicher Handlungsoptionen müssen alle technischen wie wirtschaftlichen Vor- und Nachteile berücksichtigt und bewertet werden.

Die gesteigerten Anforderungen an die Gestaltung elektrischer Netze führen konsequenterweise zu erhöhten und komplexeren Anforderungen an die Netzplanung.

Viele Eingangsparameter sind nur mit großer Unsicherheit zu bestimmen oder abzuschätzen, was eine große Herausforderung für die Netzplanung darstellt. Größe, Ort und Zeitpunkt neu anzuschließender Windkraft- und Photovoltaikanlagen haben großen Einfluss auf die technische Gestaltung des Verteilnetzes, sind jedoch in der Regel unbekannt. Dies führt zu Unsicherheiten bei der Auswahl der zur Verfügung stehenden Gestaltungs- und Lösungsmöglichkeiten. Dies steht im Widerspruch zu einer kostenbewussten und sicheren Netzplanung. Eine vorausschauende Ausbauplanung ist risikobehaftet.

Die entscheidende Größe bei der Planung eines Netzes ist die Leistung, die das Netz zu verteilen hat. Die Verteilung kann dabei in zwei Richtungen erfolgen. Leistung wird aus vorgelagerten Netzen entnommen und in unterlagerte Ebenen weiterverteilt und erzeugte Leistung durch Windkraft- oder Photovoltaikanlagen wird in vorgelagerte Netzebenen zurückgespeist. Innerhalb eines Netzes kann zwischen einzelnen Knoten die Flussrichtung der Leistung die Richtung ändern, da immer Leistung an einzelnen Stellen entnommen wird, während an anderen Stellen Leistung eingespeist wird.

# 9 Zusammenfassung

In jedem Netzzustand muss die Einhaltung der Anforderungen an die Spannung und an die thermische Belastbarkeit der Betriebsmittel gewährt werden. Werden konventionell nur zwei Netzzustände betrachtet,

- maximale Leistungsentnahme, keine Berücksichtigung erzeugter Leistung durch Windkraftanlagen oder Photovoltaikanlagen,
- maximale Einspeisung durch Erzeugungsanlagen, Lastentnahme bleibt unberücksichtigt,

und dabei die Anforderungen erfüllt, so werden diese auch in allen anderen Netzzuständen erfüllt. Allerdings ist bei dieser Vorgehensweise das Risiko besonders hoch, dass das Netz überdimensioniert ist und nicht ausgelastet wird.

In der Realität ist die resultierende Leistung der Erzeugungsanlagen geringer. Jede Erzeugungsanlage erreicht nur mit begrenzter Häufigkeit ihre Nennleistung. Außerdem erreicht jede Anlage in der Regel zu anderen Zeitpunkten ihre höchste Leistung. Dadurch ist die gesamte eingespeiste Leistung geringer als die Summe aller Nennleistungen der Erzeugungsanlagen.

Entgegen der konventionellen Betrachtungen treten Erzeugung und Verbrauch nicht zeitlich getrennt voneinander auf. Die gesamte Leistung in beiden Richtungen hat in der Praxis folglich einen geringeren Betrag.

Wird das zeitliche Verhalten der Erzeugung in Form von Erzeugungsprofilen berücksichtigt, können Leistungsannahmen in die Netzplanung einfließen, die näher an der Realität sind. Unsicherheiten können durch idealisierte Annahmen oder Sicherheitsfaktoren kompensiert werden. So kann einer Überdimensionierung entgegengewirkt werden, Grenzwerte werden teilweise nicht mehr verletzt und es müssen keine Maßnahmen ergriffen werden.

Sollten doch Verletzungen von Spannungsgrenzen oder zu hohe Belastungen unter der Berücksichtigung der Erzeugungsprofile festgestellt werden, können deren Häufigkeit ermittelt und die konkreten Netzzustände erfasst werden. Die Häufigkeit kann hilfreich sein, um eine geeignete Maßnahme auf ihre Verhältnismäßigkeit zu bewerten. Bei sehr selten zu erwartenden Grenzwertverletzungen können Überlegungen in Betracht kommen, die Anlagen zeitweise in der Leistung zu reduzieren oder grundsätzlich in der Leistung zu begrenzen. Die Betrachtung der Netzzustände ermöglicht die gezielte planerische Überprüfung von Flexibilitätstechnologien.

Klassische Netzverstärkung und klassischer Netzausbau lassen sich reduzieren, wenn Erzeugungsprofile berücksichtigt werden.

Grundlage bilden regionale meteorologische Messwerte zu *Referenzjahren*. Aus diesen lassen sich sowohl für Windkraftanlagen als auch für Photovoltaikanlagen *Erzeugungsprofile* erstellen. In der Planung wird dafür ein grundlegendes Verständnis über die technisch-physikalischen Zusammenhänge vorausgesetzt. Das Netz wird als System betrachtet aus Betriebsmitteln, Technologien und Anlagen.

# 9 Zusammenfassung

In der Netzplanung werden zukünftig vielfältige Variantenvergleiche und Entwicklungsszenarien nicht mehr wegzudenken sein. Immer umfangreichere und leistungsfähigere Planungssoftware wird dies ermöglichen, die ingenieurmäßige Beurteilung allerdings nicht ersetzen. Bei Grundsatzplanungen müssen Veränderungen der wirtschaftlichen, sozialen, gesetzlichen und politischen Rahmenbedingungen gleichermaßen wie technologische Weiterentwicklungen berücksichtigt werden.

# Anhang

## Spannungen, Ströme und Leistungen in der komplexen Ebene

Nullphasenwinkel von Strom und Spannung:

$$\varphi_i = \arctan \frac{Im(\underline{I})}{Re(\underline{I})} \tag{A.1}$$

$$\varphi_U = \arctan \frac{Im(\underline{U})}{Re(\underline{U})} \tag{A.2}$$

Beträge von Strömen und Spannungen:

$$I = \sqrt{Re(\underline{I})^2 + Im(\underline{I})^2} \tag{A.3}$$

$$U = \sqrt{Re(\underline{U})^2 + Im(\underline{U})^2} \tag{A.4}$$

Definition des konjugiert komplexen Stroms:

$$\underline{I}^* = I \cdot e^{j(-\varphi_I)} \tag{A.5}$$

Komplexe Scheinleistung:

$$\underline{S} = \underline{U} \cdot \underline{I}^* = U \cdot I \cdot e^{j(\varphi_U - \varphi_I)} \tag{A.6}$$

Wirkleistung

$$P = U \cdot I \cdot \cos \varphi \tag{A.7}$$

Blindleistung

$$Q = U \cdot I \cdot \sin \varphi \tag{A.8}$$

Leistungsfaktor

$$\varphi = \arctan \frac{Q}{P} \tag{A.9}$$

▶ **Achtung** Bei der Berechnung von $\varphi$ muss auf das Vorzeichen der Wirkleistung geachtet werden.

Betrag der komplexen Scheinleistung

$$S = \sqrt{P^2 + Q^2} \tag{A.10}$$

## Photovoltaikanalgen

### STC Bedingungen

Einstrahlung:
$$E_{\text{STC}} = 1000 \, \frac{\text{W}}{\text{m}^2} \tag{A.11}$$

Standard-Modul-Temperatur:
$$T_{\text{STC}} = 25°\text{C} \tag{A.12}$$

Sonnenspektrum:
$$\text{AM} = 1{,}5. \tag{A.13}$$

### Typische Kennwerte der MPP-Größen

MPP-Strom:
$$I_{\text{MPP}} \approx 0{,}9 \cdot I_{SC} \tag{A.14}$$

MPP-Spannung:
$$U_{\text{MPP}} \approx 0{,}8 \cdot U_{oc} \tag{A.15}$$

### Einfluss der Einstrahlung

Kurzschlussstrom:
$$I_{sc}(E) = I_{SC} \cdot \frac{E}{E_{\text{STC}}} \tag{A.16}$$

MPP-Strom
$$I_{\text{MPP}}(E) = I_{\text{MPP0}} \cdot \frac{E}{E_{\text{STC}}} \tag{A.17}$$

Leerlaufspannung:
$$U_{oc}(E) = U_{oc0} \cdot \frac{\ln(E)}{\ln(E_{\text{stc}})} \tag{A.18}$$

# Anhang

MPP-Spannung

$$U_{\text{MPP}}(E) = U_{\text{MPP0}} \cdot \frac{\ln(E)}{\ln(E_{\text{stc}})} \tag{A.19}$$

Leistung bei konstanten 25 °C Modultemperatur

$$P(E) = P_{\text{STC}} \cdot \frac{E}{E_{\text{STC}}} \cdot \frac{\ln(E)}{\ln(E_{\text{STC}})} \tag{A.20}$$

## Einfluss der Temperatur

Typischer Temperaturkoeffizient MPP-Spannung:

$$\alpha_U \approx -0{,}3 \frac{\%}{K} \tag{A.21}$$

Typischer Temperaturkoeffizient MPP-Strom:

$$\alpha_I \approx 0{,}04 \frac{\%}{K} \tag{A.22}$$

MPP-Leistung in Abhängigkeit von Einstrahlung und Temperatur:

$$P_{\text{MPP}}(E, T) = U_{\text{MPP}}(E, T) \cdot I_{\text{MPP}}(E, T) \tag{A.23}$$

mit der MPP-Spannung in Abhängigkeit von Einstrahlung und Temperatur

$$U_{\text{MPP}}(E, T) = U_{\text{MPP0}} \cdot \frac{\ln(E)}{\ln(E_{\text{STC}})} \cdot (1 + \alpha_U (T - T_{\text{STC}})) \tag{A.24}$$

und mit dem MPP-Strom in Abhängigkeit von Einstrahlung und Temperatur

$$I_{\text{MPP}}(E, T) = I_{\text{MPP0}} \cdot \frac{E}{E_{\text{STC}}} (1 + \alpha_I (T - T_{\text{STC}})) \tag{A.25}$$

Daraus folgt:

$$P_{\text{MPP}}(E, T) = P_{\text{MPP0}} \cdot \frac{E \cdot \ln(E)}{E_{\text{STC}} \cdot \ln(E_{\text{STC}})} \cdot (1 + \alpha_U (T - T_{\text{STC}})) \cdot (1 + \alpha_I \cdot (T - T_{\text{STC}})). \tag{A.26}$$

## Näherungsweise Bestimmung der Modultemperatur

Referenzeinstrahlung bei NOCT:

$$E_{\text{NOCT}} = 800 \, \text{W}/\text{m}^2 \tag{A.27}$$

Referenzumgebungstemperatur bei NOCT:

$$T_{\text{NOCT}} = 20°\text{C} \tag{A.28}$$

Referenzwindgeschwindigkeit bei NOCT:

$$v = 1\,\text{m/s}. \tag{A.29}$$

Typische Modultemperatur unter NOCT-Bedingungen:

$$\text{NOCT}_{\text{Typ}} = 46°\text{C} \tag{A.30}$$

Näherungsweise Ermittlung der Modultemperatur

$$T_m = T_{\text{amb}} + (\text{NOCT} - 20°\text{C}) \cdot \frac{E}{E_{\text{NOCT}}} \tag{A.31}$$

## Referenzverläufe für Photovoltaikanlagen unterschiedlicher Ausrichtung

Maximale Modulleistung unter optimalen Bedingungen. Die Verläufe dienen als Beispiel unter konstanter Modultemperatur 25 °C.

# Anhang

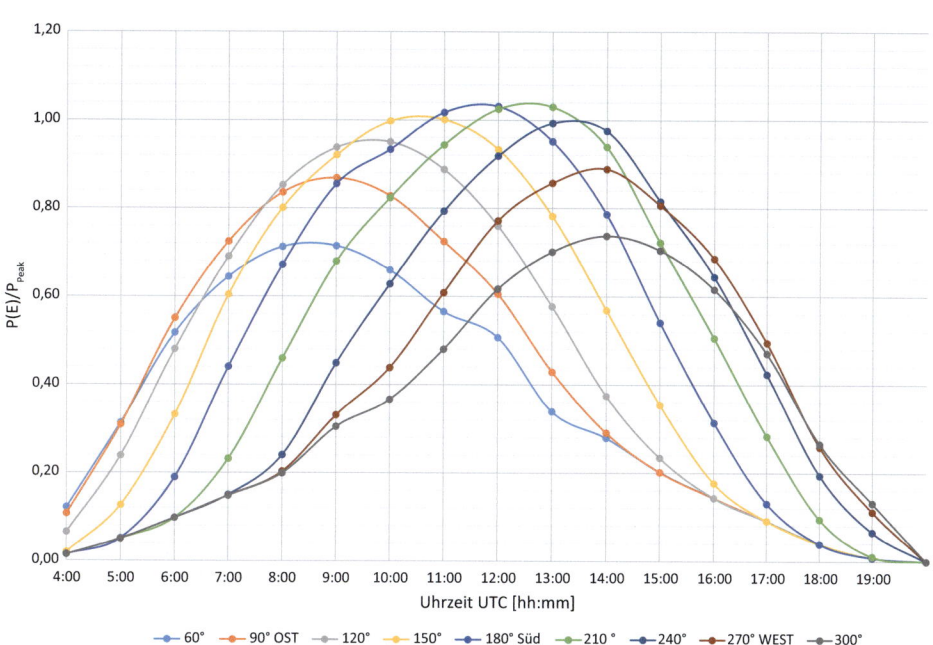

**Abb. A.1** Referenzverläufe Frühjahr für Photovoltaikanlagen unterschiedlicher Ausrichtung $T = 25\ °C$

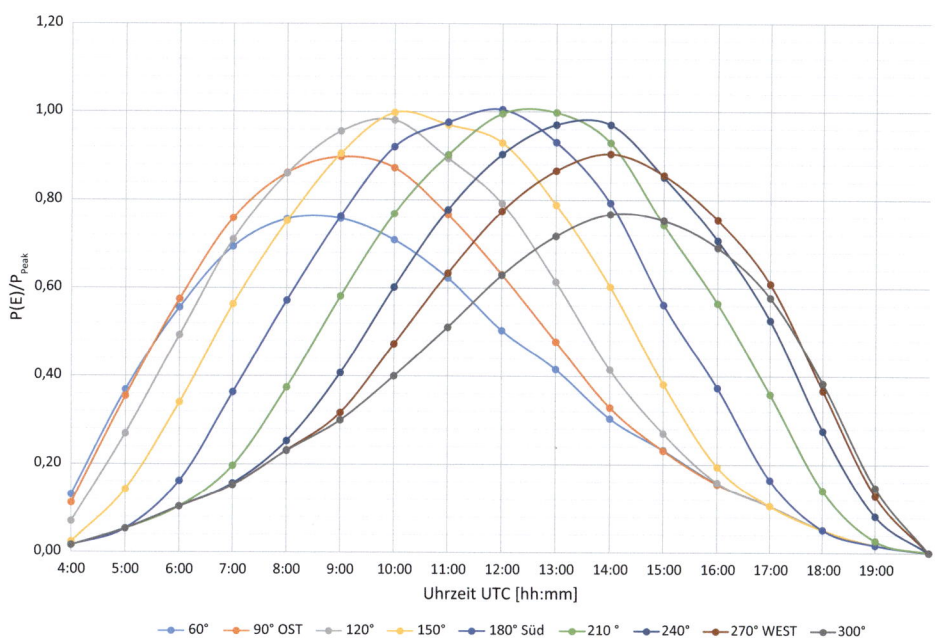

**Abb. A.2** Referenzverläufe Sommer für Photovoltaikanlagen unterschiedlicher Ausrichtung $T = 25\ °C$

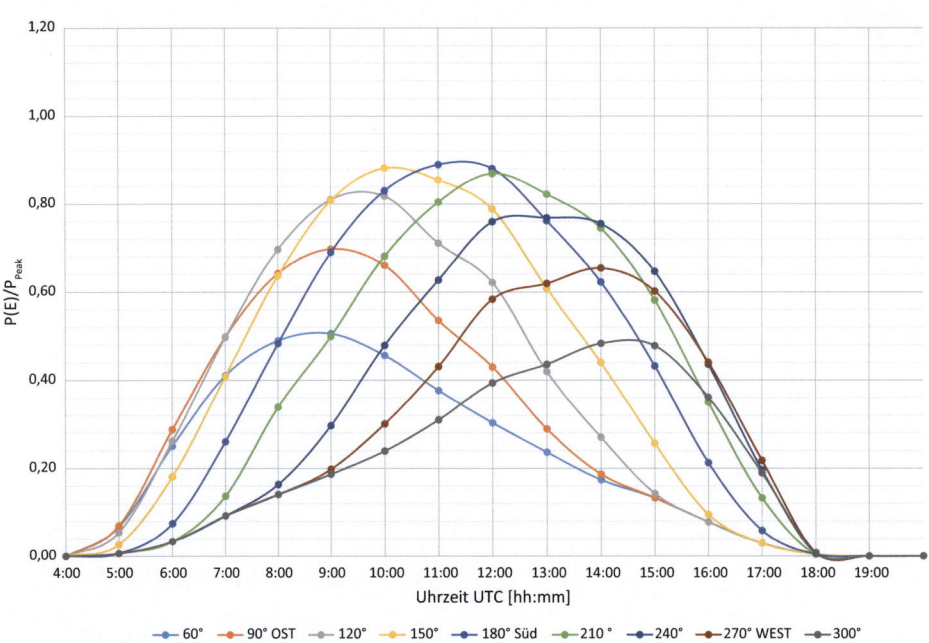

**Abb. A.3** Referenzverläufe Herbst für Photovoltaikanlagen unterschiedlicher Ausrichtung $T = 25\,°C$

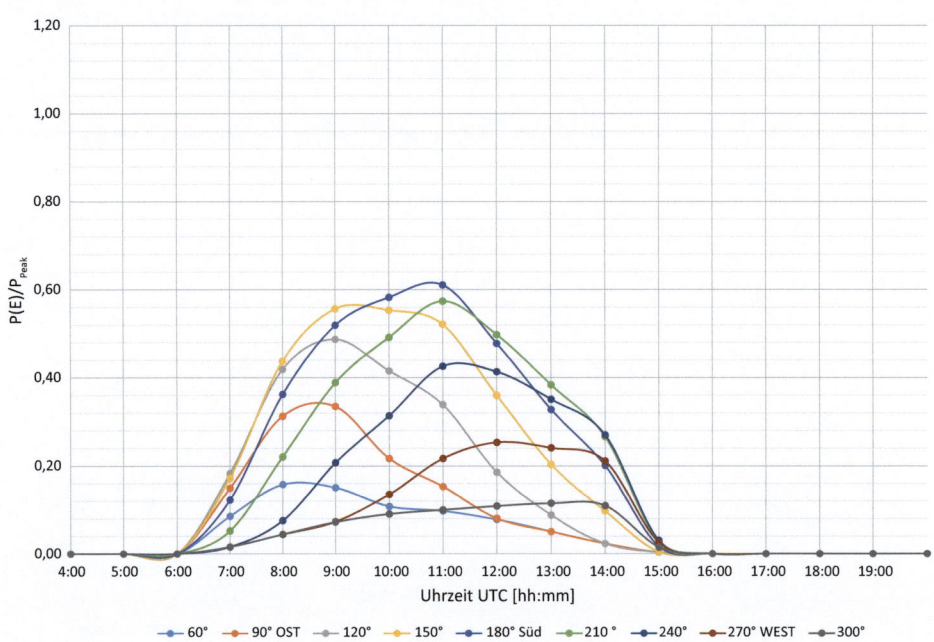

**Abb. A.4** Referenzverläufe Winter für Photovoltaikanlagen unterschiedlicher Ausrichtung $T = 25\,°C$

# Anhang

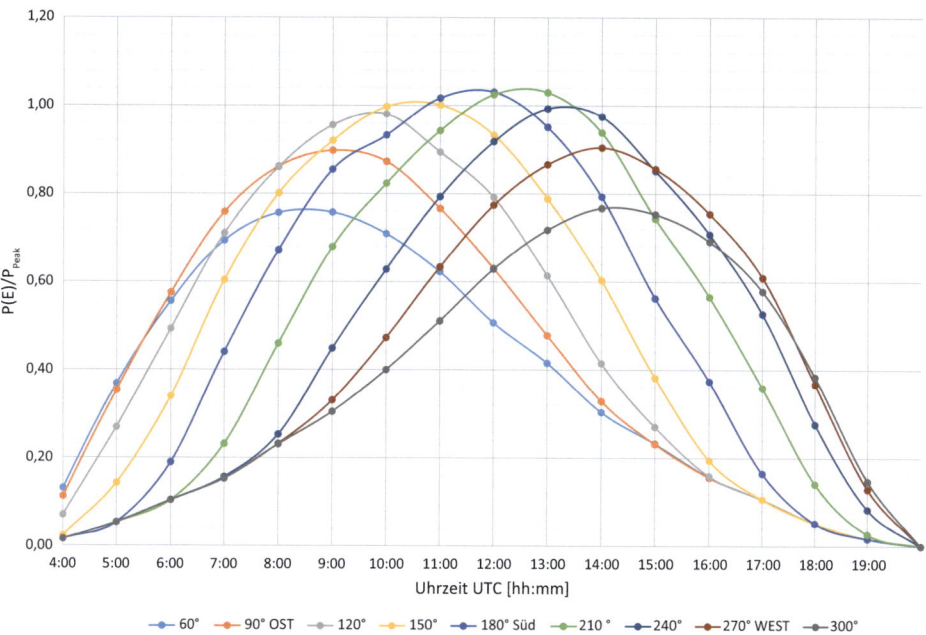

**Abb. A.5** Referenzverläufe Gesamt für Photovoltaikanlagen unterschiedlicher Ausrichtung $T = 25\,°C$

## Windkraftanlagen

### Im Wind enthaltene Leistung

$$P = \rho \cdot A_{\text{rot}} \cdot \frac{v^3}{2} \tag{A.32}$$

mit der Dichte der Luft

$$\rho = 1{,}2923 \cdot \frac{\text{kg}}{\text{m}^3} \tag{A.33}$$

## Beispielkennwerte zu Windkraftanlagen

**Tab. A.1** Typische Kennwerte von Windkraftanlagen unterschiedlicher Leistung

| Leistung [kW] | 900 | 800 | 2300 | 2300 | 2350 | 3000 | 2350 | 3050 | 3500 |
|---|---|---|---|---|---|---|---|---|---|
| Rotordurchmesser [m] | 44 | 48 | 71 | 82 | 82 | 82 | 92 | 101 | 101 |
| Nabenhöhe [m] | 55 | 76 | 114 | 138 | 84 | 84 | 138 | 149 | 74 |
| $v$ [m/s] | $P$ [kW] | $P$ [kW] | $P$ [kW] | $P$ [kW] | $P$ [kW] | $P$ [kW] | $P$ [kW] | $P$ [kW] | $P$ [kW] |
| 1 | 0 | 0 | 0 | 0 | 0 | 0 | 0 | 0 | 0 |
| 2 | 0 | 0 | 2 | 3 | 3 | 0 | 3,6 | 3 | 3 |
| 3 | 4 | 5 | 18 | 25 | 25 | 25 | 29,9 | 37 | 37 |
| 4 | 20 | 25 | 56 | 82 | 82 | 82 | 98,2 | 118 | 116 |
| 5 | 50 | 60 | 127 | 174 | 174 | 174 | 208,3 | 258 | 253 |
| 6 | 96 | 110 | 240 | 321 | 321 | 321 | 384,3 | 479 | 469 |
| 7 | 156 | 180 | 400 | 532 | 532 | 525 | 637 | 790 | 775 |
| 8 | 238 | 275 | 626 | 815 | 815 | 800 | 975,8 | 1200 | 1175 |
| 9 | 340 | 400 | 892 | 1180 | 1180 | 1135 | 1403,6 | 1710 | 1680 |
| 10 | 466 | 555 | 1223 | 1580 | 1580 | 1510 | 1817,8 | 2340 | 2280 |
| 11 | 600 | 671 | 1590 | 1890 | 1890 | 1880 | 2088,7 | 2867 | 2810 |
| 12 | 710 | 750 | 1900 | 2100 | 2100 | 2200 | 2237 | 3034 | 3200 |
| 13 | 790 | 790 | 2080 | 2250 | 2250 | 2500 | 2300 | 3050 | 3400 |
| 14 | 850 | 810 | 2230 | 2350 | 2350 | 2770 | 2350 | 3050 | 3465 |
| 15 | 880 | 810 | 2300 | 2350 | 2350 | 2910 | 2350 | 3050 | 3500 |
| 16 | 905 | 810 | 2310 | 2350 | 2350 | 3000 | 2350 | 3050 | 3500 |
| 17 | 910 | 810 | 2310 | 2350 | 2350 | 3020 | 2350 | 3050 | 3500 |
| 18 | 910 | 810 | 2310 | 2350 | 2350 | 3020 | 2350 | 3050 | 3500 |
| 19 | 910 | 810 | 2310 | 2350 | 2350 | 3020 | 2350 | 3050 | 3500 |
| 20 | 910 | 810 | 2310 | 2350 | 2350 | 3020 | 2350 | 3050 | 3500 |
| 21 | 910 | 810 | 2310 | 2350 | 2350 | 3020 | 2350 | 3050 | 3500 |
| 22 | 910 | 810 | 2310 | 2350 | 2350 | 3020 | 2350 | 3050 | 3500 |
| 23 | 910 | 810 | 2310 | 2350 | 2350 | 3020 | 2350 | 3050 | 3500 |
| 24 | 910 | 810 | 2310 | 2350 | 2350 | 3020 | 2350 | 3050 | 3500 |
| 25 | 910 | 810 | 2310 | 2350 | 2350 | 3020 | 2350 | 3050 | 3500 |

## Einfluss der Höhe

Umrechnung der gemessenen Windgeschwindigkeit in der Höhe $h_1$ auf die Geschwindigkeit in Höhe $h_2$

$$v(h_2) = v(h_1) \cdot \frac{\ln\left(\frac{h_2-d}{z_0}\right)}{\ln\left(\frac{h_1-d}{z_0}\right)} \tag{A.34}$$

**Tab. A.2** Rauigkeitslängen für unterschiedliche Geländeklassen

| Geländeklasse | Rauigkeitslänge $z_0$ |
|---|---|
| See | 0,0002 |
| Glatt | 0,005 |
| Offen | 0,03 |
| Offen bis rau | 0,1 |
| Rau | 0,25 |
| Sehr rauh | 0,5 |
| Geschlossen | 1 |
| Stadtkerne | 2 |

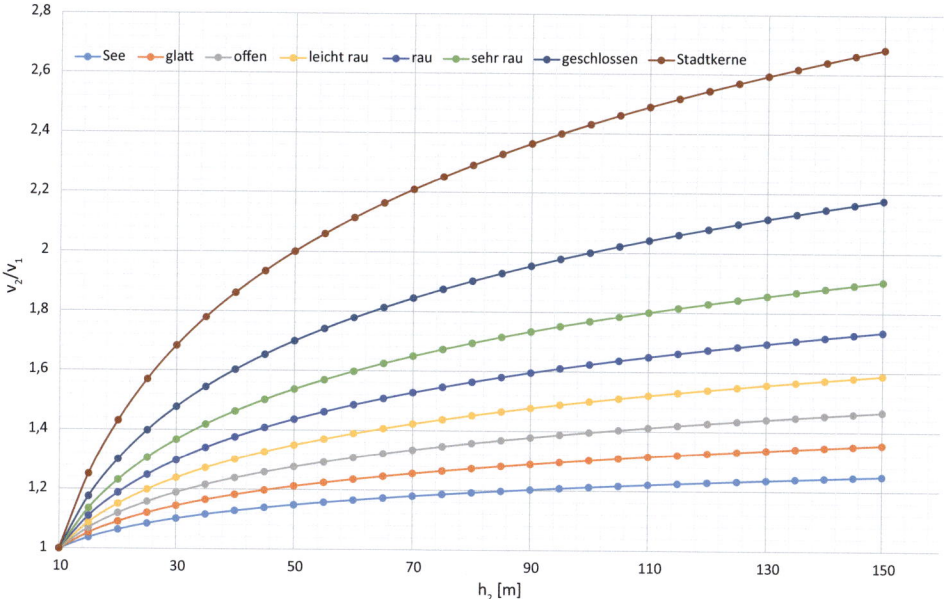

**Abb. A.6** Einfluss der Nabenhöhe auf die Windgeschwindigkeit für unterschiedliche Geländeklassen

## Transformatoren

### Bestimmung der Kennwerte

Gegeben seien die Angaben:

- Nennleistung $S_n$,
- Kurzschlussverluste $P_k$,
- Leerlaufverluste $P_0$,
- Relative Kurzschlussspannung $u_{kr}$,
- Leerlaufstrom $I_0$.

Ermittlung der Längselemente für das Ersatzschaltbild
Berechnung der Kurzschlussimpedanz:

$$Z_K = \frac{u_{kr} \cdot U_r}{\sqrt{3} \cdot I_r} \tag{A.35}$$

Berechnung des Kurzschlusswiderstandes:

$$R_K = \frac{P_K}{3 \cdot I_r^2} \tag{A.36}$$

Berechnung der Streureaktanz:

$$X_\sigma = \sqrt{Z_K^2 - R_K^2} \tag{A.37}$$

Ermittlung der Querelemente des Ersatzschaltbildes:

$$I_{Fe} = \frac{P_0}{\sqrt{3} \cdot U_r} \tag{A.38}$$

$$I_\mu = \sqrt{I_0^2 - I_{Fe}^2} \tag{A.39}$$

Berechnung des Eisenwiderstandes:

$$R_{Re} = \frac{U_0}{\sqrt{3} \cdot I_{Fe}} \tag{A.40}$$

Berechnung der Hauptreaktanz:

$$X_h = \frac{U_0}{\sqrt{3} \cdot I_\mu} \tag{A.41}$$

## Transformatoren im Parallelbetrieb

Bedingungen:

1. Die Schaltgruppenkennzahlen beider Transformatoren sind identisch.
2. Die Übersetzungen sind identisch.
3. Die relativen Kurzschlussspannungen beider Transformatoren dürfen nicht mehr als 10 % vom Mittelwert aus den relativen Kurzschlussspannungen beider Transformatoren abweichen.
4. Das Verhältnis der Leistungen beider Transformatoren sollte nicht größer als 3:1 sein.

Bei Transformatoren mit unterschiedlichen Leerlaufspannungen und gleichen Winkeln der Kurzschlussspannungen entsteht bei einer prozentualen Differenz $\Delta u_0$ ein Ausgleichsstrom

$$I_A = \frac{\Delta u}{\frac{u_{kr1}}{I_{r1}} + \frac{u_{kr2}}{I_{r2}}}. \tag{A.42}$$

Resultierende Kurzschlussspannung bei gleichen Ausgangsspannungen:

$$u_{krp} = \frac{S_{n1} + S_{n2}}{\frac{S_{n1}}{u_{kr1}} + \frac{S_{n2}}{u_{kr2}}} \tag{A.43}$$

Belastungsverhältnis:

$$\lambda = \frac{S}{S_{n1} + S_{n2}} \tag{A.44}$$

Leistungsaufteilung:

$$S_1 = \lambda \cdot S_{n1} \cdot \frac{u_{krp}}{u_{kr1}} \tag{A.45}$$

## Typische Kurzschlussspannungen von Transformatoren

- MS/NS-Transformatoren : $4\% < u_{kr} \leq 6\%$,
- HS/MS-Transformatoren: $10\% < u_{kr} \leq 14\%$.

## Typische Kennwerte von Netzen und Netzbetriebsmitteln

### Kennwerte von Mittelspannungskabeln

**Tab. A.3** Typische elektrische Kennwerte ausgewählter Mittelspannungskabel

| Bezeichnung | Aderanzahl und Querschnitt [mm$^2$] | Gleichstromwiderstand (20 °C) [Ω/km] | Kapazität [µF/km] | Induktivität bei Dreiecksverlegung [mH/km] | Induktivität bei Flachverlegung [mH/km] |
|---|---|---|---|---|---|
| N2XSY 6/10 | 1×35/16 | 0,524 | 0,22 | 0,43 | 0,73 |
| N2XSY 6/10 | 1×50/16 | 0,387 | 0,24 | 0,42 | 0,71 |
| N2XSY 6/10 | 1×70/16 | 0,268 | 0,28 | 0,39 | 0,67 |
| N2XSY 6/10 | 1×95/16 | 0,193 | 0,30 | 0,38 | 0,65 |
| N2XSY 6/10 | 1×120/16 | 0,153 | 0,34 | 0,36 | 0,62 |
| N2XSY 6/10 | 1×150/25 | 0,124 | 0,36 | 0,35 | 0,60 |
| N2XSY 6/10 | 1×185/25 | 0,099 | 0,40 | 0,34 | 0,58 |
| N2XSY 6/10 | 1×240/25 | 0,075 | 0,44 | 0,32 | 0,55 |
| N2XSY 6/10 | 1×300/25 | 0,060 | 0,49 | 0,31 | 0,53 |
| N2XSY 6/10 | 1×400/35 | 0,047 | 0,54 | 0,29 | 0,50 |
| N2XSY 6/10 | 1×500/35 | 0,037 | 0,61 | 0,28 | 0,48 |
| NA2XSY 6/10 | 1×35/16 | 0,868 | 0,22 | 0,44 | 0,74 |
| NA2XSY 6/10 | 1×50/16 | 0,641 | 0,24 | 0,42 | 0,71 |
| NA2XSY 6/10 | 1×70/16 | 0,443 | 0,28 | 0,39 | 0,68 |
| NA2XSY 6/10 | 1×95/16 | 0,320 | 0,31 | 0,37 | 0,65 |
| NA2XSY 6/10 | 1×120/16 | 0,253 | 0,34 | 0,36 | 0,62 |
| NA2XSY 6/10 | 1×150/25 | 0,206 | 0,37 | 0,34 | 0,59 |
| NA2XSY 6/10 | 1×185/16 | 0,164 | 0,40 | 0,34 | 0,59 |
| NA2XSY 6/10 | 1×185/25 | 0,164 | 0,40 | 0,33 | 0,57 |
| NA2XSY 6/10 | 1×240/25 | 0,125 | 0,44 | 0,32 | 0,55 |
| NA2XSY 6/10 | 1×300/25 | 0,100 | 0,48 | 0,31 | 0,54 |
| NA2XSY 6/10 | 1×400/35 | 0,078 | 0,54 | 0,29 | 0,50 |

**Tab. A.3** (Fortsetzung)

| Bezeichnung | Aderanzahl und Querschnitt [mm²] | Gleichstromwiderstand (20 °C) [Ω/km] | Kapazität [µF/km] | Induktivität bei Dreiecksverlegung [mH/km] | Induktivität bei Flachverlegung [mH/km] |
|---|---|---|---|---|---|
| NA2XSY 6/10 | 1×500/35 | 0,061 | 0,62 | 0,28 | 0,48 |
| NA2XSY 6/10 | 1×630/35 | 0,047 | 0,67 | 0,27 | 0,46 |
| NA2XSY 6/10 | 1×800/35 | 0,037 | 0,76 | 0,26 | 0,44 |
| NA2XSY 6/10 | 1×1000/35 | 0,0291 | 0,84 | 0,25 | 0,42 |
| NA2XSY 6/10 | 1×1200/35 | 0,0247 | 0,89 | 0,24 | 0,41 |
| N2XS2Y 6/10 | 1×35/16 | 0,524 | 0,22 | 0,43 | 0,73 |
| N2XS2Y 6/10 | 1×50/16 | 0,387 | 0,24 | 0,42 | 0,71 |
| N2XS2Y 6/10 | 1×70/16 | 0,268 | 0,28 | 0,39 | 0,67 |
| N2XS2Y 6/10 | 1×95/16 | 0,193 | 0,30 | 0,38 | 0,65 |
| N2XS2Y 6/10 | 1×120/16 | 0,153 | 0,34 | 0,36 | 0,62 |
| N2XS2Y 6/10 | 1×150/25 | 0,124 | 0,36 | 0,35 | 0,60 |
| N2XS2Y 6/10 | 1×185/25 | 0,099 | 0,40 | 0,34 | 0,58 |
| N2XS2Y 6/10 | 1×240/25 | 0,075 | 0,44 | 0,32 | 0,55 |
| N2XS2Y 6/10 | 1×300/25 | 0,060 | 0,49 | 0,31 | 0,53 |
| N2XS2Y 6/10 | 1×400/35 | 0,047 | 0,54 | 0,29 | 0,50 |
| N2XS2Y 6/10 | 1×500/35 | 0,037 | 0,61 | 0,28 | 0,48 |
| NA2XS2Y 6/10 | 1×35/16 | 0,868 | 0,22 | 0,43 | 0,73 |
| NA2XS2Y 6/10 | 1×50/16 | 0,641 | 0,24 | 0,42 | 0,71 |
| NA2XS2Y 6/10 | 1×70/16 | 0,443 | 0,28 | 0,39 | 0,68 |
| NA2XS2Y 6/10 | 1×95/16 | 0,320 | 0,30 | 0,38 | 0,65 |
| NA2XS2Y 6/10 | 1×120/16 | 0,253 | 0,34 | 0,36 | 0,63 |
| NA2XS2Y 6/10 | 1×150/25 | 0,206 | 0,36 | 0,35 | 0,60 |
| NA2XS2Y 6/10 | 1×185/25 | 0,164 | 0,40 | 0,33 | 0,58 |
| NA2XS2Y 6/10 | 1×240/25 | 0,125 | 0,44 | 0,32 | 0,55 |
| NA2XS2Y 6/10 | 1×300/25 | 0,100 | 0,48 | 0,31 | 0,54 |

**Tab. A.3** (Fortsetzung)

| Bezeichnung | Aderanzahl und Querschnitt [mm$^2$] | Gleichstromwiderstand (20 °C) [Ω/km] | Kapazität [μF/km] | Induktivität bei Dreiecksverlegung [mH/km] | Induktivität bei Flachverlegung [mH/km] |
|---|---|---|---|---|---|
| NA2XS2Y 6/10 | 1×400/35 | 0,078 | 0,54 | 0,30 | 0,50 |
| NA2XS2Y 6/10 | 1×500/35 | 0,061 | 0,61 | 0,28 | 0,48 |
| NA2XS2Y 6/10 | 1×630/35 | 0,047 | 0,66 | 0,27 | 0,46 |
| NA2XS2Y 6/10 | 1×800/35 | 0,037 | 0,76 | 0,26 | 0,44 |
| NA2XS2Y 6/10 | 1×1000/35 | 0,0291 | 0,84 | 0,25 | 0,42 |
| NA2XS2Y 6/10 | 1×1200/35 | 0,0247 | 0,89 | 0,24 | 0,41 |
| N2XSY 12/20 | 1×35/16 | 0,524 | 0,16 | 0,46 | 0,74 |
| N2XSY 12/20 | 1×50/16 | 0,387 | 0,17 | 0,45 | 0,72 |
| N2XSY 12/20 | 1×70/16 | 0,268 | 0,19 | 0,42 | 0,68 |
| N2XSY 12/20 | 1×95/16 | 0,193 | 0,21 | 0,40 | 0,66 |
| N2XSY 12/20 | 1×120/16 | 0,153 | 0,23 | 0,39 | 0,63 |
| N2XSY 12/20 | 1×150/25 | 0,124 | 0,25 | 0,37 | 0,60 |
| N2XSY 12/20 | 1×185/25 | 0,099 | 0,27 | 0,36 | 0,59 |
| N2XSY 12/20 | 1×240/25 | 0,075 | 0,30 | 0,34 | 0,56 |
| N2XSY 12/20 | 1×300/25 | 0,060 | 0,35 | 0,33 | 0,54 |
| N2XSY 12/20 | 1×400/35 | 0,047 | 0,36 | 0,31 | 0,51 |
| N2XSY 12/20 | 1×500/35 | 0,037 | 0,43 | 0,30 | 0,49 |
| NA2XSY 12/20 | 1×50/16 | 0,641 | 0,17 | 0,44 | 0,72 |
| NA2XSY 12/20 | 1×70/16 | 0,443 | 0,19 | 0,42 | 0,69 |
| NA2XSY 12/20 | 1×95/16 | 0,320 | 0,21 | 0,40 | 0,66 |
| NA2XSY 12/20 | 1×120/16 | 0,253 | 0,23 | 0,38 | 0,64 |
| NA2XSY 12/20 | 1×150/25 | 0,206 | 0,25 | 0,37 | 0,61 |
| NA2XSY 12/20 | 1×185/16 | 0,164 | 0,27 | 0,36 | 0,60 |
| NA2XSY 12/20 | 1×185/25 | 0,164 | 0,27 | 0,36 | 0,59 |
| NA2XSY 12/20 | 1×240/25 | 0,125 | 0,30 | 0,34 | 0,56 |

**Tab. A.3** (Fortsetzung)

| Bezeichnung | Aderanzahl und Querschnitt [mm$^2$] | Gleichstromwiderstand (20 °C) [Ω/km] | Kapazität [µF/km] | Induktivität bei Dreiecksverlegung [mH/km] | Induktivität bei Flachverlegung [mH/km] |
|---|---|---|---|---|---|
| NA2XSY 12/20 | 1×300/25 | 0,100 | 0,32 | 0,33 | 0,55 |
| NA2XSY 12/20 | 1×400/35 | 0,078 | 0,36 | 0,32 | 0,51 |
| NA2XSY 12/20 | 1×500/35 | 0,061 | 0,40 | 0,30 | 0,49 |
| NA2XSY 12/20 | 1×630/35 | 0,061 | 0,44 | 0,29 | 0,48 |
| NA2XSY 12/20 | 1×800/35 | 0,061 | 0,49 | 0,28 | 0,46 |
| NA2XSY 12/20 | 1×1000/35 | 0,0291 | 0,55 | 0,28 | 0,45 |
| NA2XSY 12/20 | 1×1200/35 | 0,0247 | 0,58 | 0,28 | 0,44 |
| N2XS2Y 12/20 | 1×35/16 | 0,524 | 0,16 | 0,46 | 0,74 |
| N2XS2Y 12/20 | 1×50/16 | 0,387 | 0,17 | 0,44 | 0,72 |
| N2XS2Y 12/20 | 1×70/16 | 0,268 | 0,19 | 0,42 | 0,68 |
| N2XS2Y 12/20 | 1×95/16 | 0,193 | 0,21 | 0,40 | 0,66 |
| N2XS2Y 12/20 | 1×120/16 | 0,153 | 0,23 | 0,39 | 0,63 |
| N2XS2Y 12/20 | 1×150/25 | 0,124 | 0,25 | 0,37 | 0,60 |
| N2XS2Y 12/20 | 1×185/25 | 0,099 | 0,27 | 0,36 | 0,59 |
| N2XS2Y 12/20 | 1×240/25 | 0,075 | 0,30 | 0,34 | 0,56 |
| N2XS2Y 12/20 | 1×300/25 | 0,060 | 0,33 | 0,33 | 0,54 |
| N2XS2Y 12/20 | 1×400/35 | 0,047 | 0,36 | 0,31 | 0,51 |
| N2XS2Y 12/20 | 1×500/35 | 0,037 | 0,43 | 0,30 | 0,49 |
| NA2XS2Y 12/20 | 1×50/16 | 0,641 | 0,17 | 0,44 | 0,72 |
| NA2XS2Y 12/20 | 1×70/16 | 0,443 | 0,19 | 0,42 | 0,69 |

**Tab. A.3** (Fortsetzung)

| Bezeichnung | Aderanzahl und Querschnitt [mm$^2$] | Gleichstromwiderstand (20 °C) [Ω/km] | Kapazität [µF/km] | Induktivität bei Dreiecksverlegung [mH/km] | Induktivität bei Flachverlegung [mH/km] |
|---|---|---|---|---|---|
| NA2XS2Y 12/20 | 1×95/16 | 0,320 | 0,21 | 0,40 | 0,66 |
| NA2XS2Y 12/20 | 1×120/16 | 0,253 | 0,23 | 0,38 | 0,64 |
| NA2XS2Y 12/20 | 1×150/25 | 0,206 | 0,25 | 0,37 | 0,61 |
| NA2XS2Y 12/20 | 1×185/25 | 0,164 | 0,27 | 0,36 | 0,59 |
| NA2XS2Y 12/20 | 1×240/25 | 0,125 | 0,30 | 0,34 | 0,56 |
| NA2XS2Y 12/20 | 1×300/25 | 0,100 | 0,32 | 0,33 | 0,55 |
| NA2XS2Y 12/20 | 1×400/35 | 0,078 | 0,36 | 0,31 | 0,51 |
| NA2XS2Y 12/20 | 1×500/35 | 0,061 | 0,40 | 0,30 | 0,49 |
| NA2XS2Y 12/20 | 1×630/35 | 0,047 | 0,44 | 0,29 | 0,47 |
| NA2XS2Y 12/20 | 1×800/35 | 0,037 | 0,49 | 0,28 | 0,45 |
| NA2XS2Y 12/20 | 1×1000/35 | 0,0291 | 0,55 | 0,28 | 0,45 |
| NA2XS2Y 12/20 | 1×1200/35 | 0,0247 | 0,58 | 0,28 | 0,44 |

# Anhang

## Kennwerte von Verteiltransformatoren

**Tab. A.4** Ausgewählte Beispielkennwerte von Verteiltransformatoren

| EU-Ver-ordnung | Nenn-leistung $S_n$ [kVA] | Übersetzung ü | Schaltgruppe | $u_{kr}$ [%] | Leerlauf-verluste $P_0$ [W] | Kurzschluss-verluste $P_K$ [W] |
|---|---|---|---|---|---|---|
| Ck – A0 | 100 | 10000 ± 2 × 2,5 %/400 | Dyn5 | 4 | 145 | 1,750 |
| Ck – A0 | 100 | 20000 ± 2 × 2,5 %/400 | Dyn5 | 4 | 145 | 1,750 |
| Ck – A0 | 160 | 10000 ± 2 × 2,5 %/400 | Dyn5 | 4 | 210 | 2,350 |
| Ck – A0 | 160 | 20000 ± 2 × 2,5 %/400 | Dyn5 | 4 | 210 | 2,350 |
| Ck – A0 | 250 | 10000 ± 2 × 2,5 %/400 | Dyn5 | 4 | 300 | 3,250 |
| Ck – A0 | 250 | 20000 ± 2 × 2,5 %/400 | Dyn5 | 4 | 300 | 3,250 |
| Ck – A0 | 400 | 10000 ± 2 × 2,5 %/400 | Dyn5 | 4 | 430 | 4,600 |
| Ck – A0 | 400 | 20000 ± 2 × 2,5 %/400 | Dyn5 | 4 | 430 | 4,600 |
| Ck – A0 | 630 | 10000 ± 2 × 2,5 %/400 | Dyn5 | 4 | 600 | 6,500 |
| Ck – A0 | 630 | 20000 ± 2 × 2,5 %/400 | Dyn5 | 4 | 600 | 6,500 |
| Ck – A0 | 800 | 10000 ± 2 × 2,5 %/400 | Dyn5 | 6 | 650 | 8,400 |
| Ck – A0 | 800 | 20000 ± 2 × 2,5 %/400 | Dyn5 | 6 | 650 | 8,400 |
| Ck – A0 | 1,000 | 10000 ± 2 × 2,5 %/400 | Dyn5 | 6 | 770 | 10,500 |
| Ck – A0 | 1,000 | 20000 ± 2 × 2,5 %/400 | Dyn5 | 6 | 770 | 10,500 |
| Ck – A0 | 1,250 | 10000 ± 2 × 2,5 %/400 | Dyn5 | 6 | 950 | 11,000 |
| Ck – A0 | 1,250 | 20000 ± 2 × 2,5 %/400 | Dyn5 | 6 | 950 | 11,000 |
| Ck – A0 | 1,600 | 10000 ± 2 × 2,5 %/400 | Dyn5 | 6 | 1,200 | 14,000 |
| Ck – A0 | 1,600 | 20000 ± 2 × 2,5 %/400 | Dyn5 | 6 | 1,200 | 14,000 |
| Ck – A0 | 2,000 | 10000 ± 2 × 2,5 %/400 | Dyn5 | 6 | 1,450 | 18,000 |
| Ck – A0 | 2,000 | 20000 ± 2 × 2,5 %/400 | Dyn5 | 6 | 1,450 | 18,000 |
| Ck – A0 | 2,500 | 10000 ± 2 × 2,5 %/400 | Dyn5 | 6 | 1,750 | 22,000 |
| Ck – A0 | 2,500 | 20000 ± 2 × 2,5 %/400 | Dyn5 | 6 | 1,750 | 22,000 |
| Ck – A0 | 3,150 | 10000 ± 2 × 2,5 %/400 | Dyn5 | 6 | 2,200 | 27,500 |
| Ck – A0 | 3,150 | 20000 ± 2 × 2,5 %/400 | Dyn5 | 6 | 2,200 | 27,500 |
| Bk – A0 | 100 | 10000 ± 2 × 2,5 %/400 | Dyn5 | 4 | 145 | 1,475 |
| Bk – A0 | 100 | 20000 ± 2 × 2,5 %/400 | Dyn5 | 4 | 145 | 1,475 |
| Bk – A0 | 160 | 10000 ± 2 × 2,5 %/400 | Dyn5 | 4 | 210 | 2,000 |
| Bk – A0 | 160 | 20000 ± 2 × 2,5 %/400 | Dyn5 | 4 | 210 | 2,350 |
| Bk – A0 | 250 | 10000 ± 2 × 2,5 %/400 | Dyn5 | 4 | 300 | 3,250 |
| Bk – A0 | 250 | 20000 ± 2 × 2,5 %/400 | Dyn5 | 4 | 300 | 3,250 |
| Bk – A0 | 400 | 10000 ± 2 × 2,5 %/400 | Dyn5 | 4 | 430 | 4,600 |
| Bk – A0 | 400 | 20000 ± 2 × 2,5 %/400 | Dyn5 | 4 | 430 | 4,600 |
| Bk – A0 | 630 | 10000 ± 2 × 2,5 %/400 | Dyn5 | 4 | 600 | 6,500 |

**Tab. A.4** (Fortsetzung)

| EU-Ver-ordnung | Nenn-leistung $S_n$[kVA] | Übersetzung ü | Schaltgruppe | $u_{kr}$ [%] | Leerlauf-verluste $P_0$ [W] | Kurzschluss-verluste $P_K$ [W] |
|---|---|---|---|---|---|---|
| Bk – A0 | 630 | 20000 ± 2 × 2,5 %/400 | Dyn5 | 4 | 600 | 6,500 |
| Bk – A0 | 800 | 10000 ± 2 × 2,5 %/400 | Dyn5 | 6 | 650 | 8,400 |
| Bk – A0 | 800 | 20000 ± 2 × 2,5 %/400 | Dyn5 | 6 | 650 | 8,400 |
| Bk – A0 | 1,000 | 10000 ± 2 × 2,5 %/400 | Dyn5 | 6 | 770 | 10,500 |
| Bk – A0 | 1,000 | 20000 ± 2 × 2,5 %/400 | Dyn5 | 6 | 770 | 10,500 |

# Glossar

## Ausgewählte Fachbegriffe Deutsch-Englisch

**Antrieb**  Drive
**Belastung**  Loading
**Bemessungsleistung**  rated Power
**Betriebstemperatur**  operating temperature
**Blindleistung**  reactive power
**Einstrahlung**  radiation
**Energiewende**  energy turn around
**Erdschluss**  ground fault
**Erdung**  grounding
**Erdungsschalter**  earthing switch
**Erwärmung**  temperature rise
**Erzeugungsmanagement**  production management
**Freileitung**  over head line
**Häufigkeit**  frequency
**Heißpunkt**  hot spot
**Induktivität**  inductance
**Intelligente Ortsnetzstation**  smart local substation
**Kabel**  cable
**Kapazität**  capacity
**Kurzschluss**  short-circuit
**Kurzschlussverluste**  Load Losses
**Leerlaufverluste**  No-Load Losses
**Leistungsfluss**  Load flow
**Leistungskennlinie**  power curve
**Leistungsschalter**  circuit breaker
**Leiterquerschnitt**  cross section
**Mittelspannung**  medium voltage

**Mittelwert** average
**Nennspannung** nominal voltage
**Nennstrom** nominal current
**Netzanschluss** Grid acces
**Niederspannung** low voltage
**Photovoltaikanlage** photovoltaic power plant
**Regelbarer Ortsnetztransformator** Controllable local plant transformer
**Relative Kurzschlussspannung** Impedance voltage
**Sammelschiene** bus bar
**Schaltanlage** switch gear
**Spannung** voltage
**Spannungsdifferenz** voltage difference
**Spannungsfall** voltage drop
**Spannungsregler** voltage regulator
**Spannungswandler** voltage transformer
**Speicher** storage
**Strom** current
**Strombelastbarkeit** current carrying capacity
**Stromwandler** current transformer
**Stufenschalter** On-load-tap-changer
**Temperaturkoeffizient** temperature coefficient
**Trennschalter** disconnector
**Trennstelle** seperation point
**Übertragungsnetz** transmission network
**Umgebungstemperatur** ambient temperature
**Umspannwerk** substation
**Verteilnetz** distribution network
**Wahrscheinlichkeit** probability
**Wechselrichter** inverter
**Weitbereichsregelung** set point adjusting
**Windkraftanlage** wind turbine
**Wirkleistung** active power
**Wirkleistungsfaktor** true power factor
**Zuverlässigkeit** reliability

## Ausgewählte Fachbegriffe Englisch-Deutsch

**active power** Wirkleistung
**ambient temperature** Umgebungstemperatur
**average** Mittelwert
**bus bar** Sammelschiene

**cable** Kabel
**capacity** Kapazität
**circuit breaker** Leistungsschalter
**Controllable local plant transformer** Regelbarer Ortsnetztransformator
**cross section** Leiterquerschnitt
**current** Strom
**current carrying capacity** Strombelastbarkeit
**current transformer** Stromwandler
**disconnector** Trennschalter
**distribution network** Verteilnetz
**Drive** Antrieb
**earthing switch** Erdungsschalter
**energy turn around** Energiewende
**frequency** Häufigkeit
**Grid acces** Netzanschluss
**ground fault** Erdschluss
**grounding** Erdung
**hot spot** Heisspunkt
**Impedance voltage** relative Kurzschlussspannung
**inductance** Induktivität
**inverter** Wechselrichter
**Load flow** Leistungsfluss
**Load Losses** Kurzschlussverluste
**Loading** Belastung
**low voltage** Niederspannung
**medium voltage** Mittelspannung
**No-Load Losses** Leerlaufverluste
**nominal current** Nennstrom
**nominal voltage** Nennspannung
**On-load-tap-changer** Stufenschalter
**operating temperature** Betriebstemperatur
**over head line** Freileitung
**photovoltaic power plant** Photovoltaikanlage
**power curve** Leistungskennlinie
**probability** Wahrscheinlichkeit
**production management** Erzeugungsmanagement
**radiation** Einstrahlung
**rated Power** Bemessungsleistung
**reactive power** Blindleistung
**reliability** Zuverlässigkeit
**seperation point** Trennstelle
**set point adjusting** Weitbereichsregelung

**short-circuit** Kurzschluss
**smart local substation** Intelligente Ortsnetzstation
**storage** Speicher
**substation** Umspannwerk
**switch gear** Schaltanlage
**temperature coefficient** Temperaturkoeffizient
**temperature rise** Erwärmung
**transmission network** Übertragungsnetz
**true power factor** Wirkleistungsfaktor
**voltage** Spannung
**voltage difference** Spannungsdifferenz
**voltage drop** Spannungsfall
**voltage regulator** Spannungsregler
**voltage transformer** Spannungswandler
**wind turbine** Windkraftanlage

# Weiterführende Literatur und Informationen

### Allgemeine Literatur zur Energietechnik
1. Schwab A(2009), Elektroenergiesysteme, Springer, Berlin
2. Heuck K(2013), Elektrische Energieversorgung, Wiesbaden
3. Noack F(2003), Einführung in die elektrische Energietechnik, Hanser, Leipzig
4. Spring E(2003), Elektrische Energienetze, VDE, Berlin

### Netzberechnung und -planung
1. Oswald B (2012), Berechnung von Drehstromnetzen, Springer, Wiesbaden
2. Crastan V (2015), Elektrische Energieversorgung 1, Springer, Berlin
3. Schlabbach J (200), Kurzschlussstromberechnung, VDE, Berlin
4. Nagel H (2008), Systematische Netzplanung, VDE, Berlin
5. Schlabbach, Monbauer (2008) Power Quality, VDE, Berlin Offenbach

### Netzbetriebsmittel
1. Werth (2015), Investitionsstrategien für Mittelspannungskabel – Zuverlässigkeit und Wirtschaftlichkeit von Investitionen und Netzautomatisierung, Springer, Wiesbaden
2. Kießling F (2001), Freileitungen, Springer, Heidelberg
3. Janus(2005, Transformatoren, VDE, Berlin
4. Vosen H(1997) Kühlung und Belastbarkeit von Transformatoren, VDE, Berlin Offenbach
5. DKE Deutsche Kommission Elektrotechnik Elektronik Informationstechnik im DIN und VDE (2008), Leistungstransformatoren – Teil 7: Leitfaden für die Belastung von ölgefüllten Leistungstransformatoren (IEC 60076-7:2005), VDE, Berlin
6. Schmidt F (2011), Mittelspannungsanlagen, Huss-Medien, Berlin
7. Küchler A (2005), Hochspannungstechnik, Springer, Berlin

### Erneuerbare Energien
1. Wagner A (2005), Photovoltaik Engineering, Springer, Berlin
2. Quaschning V (2007), Regenerative Energiesystme, Hanser, München
3. Kaltschmitt M (2014), Erneuerbare Energien, Springer, Berlin
4. Jarass L (2009) Windenergie, Springer, Berlin
5. Hau E (2008), Windkraftanlagen, Springer, Berlin

### Wetterinformationen
1. www.satel-light.com
2. https://kunden.dwd.de/weste/xl_register.jsp

# Sachverzeichnis

**A**
Auftriebsläufer, 45

**E**
Einstrahlung, 5, 24–27, 29–33, 36, 40, 57, 58, 73, 100
Erzeugungsmanagement, 5, 68

**G**
Gleichzeitigkeitsgrad, 61, 62
Grundsatzplanung, 9, 21, 60

**H**
Heißpunkttemperatur, 70, 72, 74–76

**K**
Kurzschlussstrom, 24, 25, 29
Kurzschlussverluste, 68, 69
Kurzzeitnotbetrieb, 70, 77

**L**
Langzeitnotbetrieb, 70, 77
Last, 3, 7, 10, 11, 18, 20, 69, 72, 73, 79, 81, 84, 85, 91
Lastfaktor, 72, 74
Lebensdauer, 2, 11, 76
Leeläufer, 45
Leerlaufspannung, 24, 26, 27, 80
Leerlaufverluste, 11, 18, 68, 69
Leistungsflussberechnung, 5, 10, 15–17, 19, 21
Leistungskennlinie, 9, 47, 49, 51–55, 84
Luvläufer, 45

**M**
Mismatching, 35, 73, 84
Modultemperatur, 25–27, 29–32, 36, 37, 40, 73
Monte-Carlo-Methode, 20, 21

Monte-Carlo-Simulation, 16
MPP-Spannung, 24, 26, 27, 29
MPP-Strom, 24, 25, 29

**N**
Nabenhöhe, 47, 49, 51–54, 60, 73, 84
Netzausbau, 4, 5, 20, 79
Netzausbauplanung, 9, 10, 19, 71
Netzform, 9, 61
Newton-Raphson-Verfahren, 17
NOCT, 30

**P**
Parallelbetrieb, 65, 68
Photovoltaikanlage, 4, 23, 31–33, 35, 38, 40, 60
Projektplanung, 10, 20, 57, 60

**R**
Rotor, 45, 46
Rotordurchmesser, 43, 53

**S**
Schnelllaufzahl, 45
Slack, 18
Sollspannung, 5, 80–89
Spannungsebene, 2, 3, 9
Spannungsqualität, 5, 12, 90
Speicher, 6
Staubbelag, 36, 40, 73, 84

**T**
Temperaturkoeffizient, 27
Transformator, 64, 67, 68, 70, 71, 73–75, 81–83, 87, 89

**U**
Übersetzungsverhältnis, 5, 6, 81

Umgebungstemperatur, 11, 19, 21, 30, 31, 36, 37, 40, 71–74

**V**
Verlustleistung, 10, 11, 20, 68, 69
Verschattung, 35, 73
Volllaststunden, 4

**W**
Wechselrichter, 24, 36, 46
Weitbereichsregelung, 5, 79, 81–83, 86–90, 92
Windgeschwindigkeit, 5, 19, 21, 43, 44, 46–50, 52–57, 84
Wirkleistung, 6, 16, 18, 64, 87–89